TAI HU LIU YU CHU SHI
SHUI QUAN LIANG ZHI OU HE
PEI ZHI YAN JIU

太湖流域
初始水权量质耦合配置研究

张丽娜 ◎ 著

河海大学出版社
HOHAI UNIVERSITY PRESS

图书在版编目(CIP)数据

太湖流域初始水权量质耦合配置研究 / 张丽娜著. -- 南京：河海大学出版社，2018.12
ISBN 978-7-5630-5814-3

Ⅰ. ①太… Ⅱ. ①张… Ⅲ. ①太湖—流域—水资源管理—研究 Ⅳ. ①TV213.4

中国版本图书馆 CIP 数据核字(2018)第 292837 号

书　　名/ 太湖流域初始水权量质耦合配置研究
书　　号/ ISBN 978-7-5630-5814-3
责任编辑/ 易彬彬　代江滨
封面设计/ 槿容轩　张育智
出版发行/ 河海大学出版社
地　　址/ 南京市西康路1号(邮编:210098)
网　　址/ http://www.hhup.com
电　　话/ (025)83737852(总编室)　(025)83722833(营销部)
经　　销/ 江苏省新华发行集团有限公司
排　　版/ 南京布克文化发展有限公司
印　　刷/ 虎彩印艺股份有限公司
开　　本/ 787毫米×960毫米　1/16
印　　张/ 11.5
字　　数/ 213千字
版　　次/ 2018年12月第1版
印　　次/ 2018年12月第1次印刷
定　　价/ 48.00元

前　言

　　进入21世纪以来,生态环境保护越来越受到各国政府及经济领域学者的重视。在2017年中共"十九大"会议上,习近平总书记在会议报告中指出:"坚持人与自然和谐共生,必须树立和践行绿水青山就是金山银山的理念,坚持节约资源和保护环境的基本国策。"而2018年诺贝尔经济学奖两位获得者之一的威廉·诺德豪斯,其获奖理由就包括其对气候变化经济学领域作出了重要贡献。如果将生态环境资源作为公共事务的重要组成部分,那么从哈丁提出"公地悲剧",到科斯提出明晰产权而致使资源配置帕累托最优,再到奥斯特罗姆提出自主组织及自主治理(区别于传统意义上的政府与市场),公共事物治理的研究更加源远流长。

　　水环境作为生态环境的一个重要组成部分,其治理的好坏严重影响着普通百姓的日常生活及当地经济水平的发展。而治理水环境的首要工作就是对流域的水资源进行综合管理。面对水资源短缺、水环境恶化和水生态退化等一系列水问题,2011年中共中央1号文件《中共中央国务院关于加快水利改革的决定》(简称《决定》)和中央水利工作会议明确提出要实行最严格的水资源管理制度,并确立了"三条红线"。

　　气候变暖导致水循环加快,太湖流域在应对水资源挑战时应重在顺应。2016年太湖流域的水资源总量比2014年、2015年分别增长了91.87%、28.27%。水资源总量的显著增加虽解决了太湖流域的水量缺水问题,但是"太浦河锑浓度异常事件",再次警示太湖流域决策者应在配置水权的过程中,需考虑水质性缺水问题。同时,太湖流域的水资源利用效率与发达国家相比还存在一定差距。因此,太湖流域水权配置的重点是如何将水量与水质耦合配置流域初始水权,提高用水效率,严控入湖排污总量,顺应水资源的挑战。

　　明晰流域内各省区间初始水权是保障各省区合理用水需求,实现各省区之间协同有序发展的重要途径,是落实最严格水资源管理制度和双控行动的重要技术支撑之一。目前对流域初始水权配置的研究众多,但鲜见兼顾用水效率多情景约束、减排情形和不确定影响,将水质影响耦合叠加到水量配置的研究。然而,客观事实的存在使得在初始水权配置中,统一考虑水量、水质和效率则更具合理性和必要性。因此,本书从"耦合"的角度,探索规模适度、结构合理的太湖流域初始水权量质耦合配置方案,以缓解太湖流域的水资源问题,实现水资源的优化配置和高效利用,推进最严格水资源管理制度落实。

本书共分三部分内容共8个章节。第一部分内容为基础分析篇,包括第1、2、3、4章。第1章主要介绍本书的研究背景和研究意义,界定本书的研究范围,指出本书的研究方向;在此基础上提出本书的研究框架。第2章主要分析太湖流域初始水权量质耦合配置的理论基础。第3章介绍了国内外典型流域初始水权配置的实践经验,为本书研究太湖流域初始水权配置提供了重要的借鉴意义。第4章介绍了太湖流域的自然、社会经济、水资源数量与质量概况,分析了太湖流域开展省区初始水权量质耦合配置的驱动因素。第二部分内容为方案设计篇,包括第5、6、7章。第5章为太湖流域内各省区间初始水量权配置方案设计。第6章为太湖流域内各省区间初始排污权(水质)配置方案设计。第7章为太湖流域内各省区初始水权量质耦合配置方案设计,计算获得不同用水效率约束情景和减排情形下的9个太湖流域省区初始水权量质耦合配置方案。第三部分为总结与展望篇,包括第8章,提出促进太湖流域省区初始水权配置工作顺利开展的政策建议。对全书内容进行总结,指出有待进一步深入研究的问题。

本书研究及撰写工作主要由张丽娜完成,其中,李军利负责第1章的技术路线图绘制,李芳娟、李军利、陈东辉协助第3章的撰写,张丽娜和贾鹏共同完成第4章、第8章的撰写。在本书的修著过程中,作者得到了吴凤平、庞庆华、吴宝海、罗茜、王腾的热忱指导及帮助,感谢贾鹏、马丽君对本书稿的校对,在此对他们致以诚挚的谢意!此外,本书参考和引用了国内外众多专家学者的著作,吸收了同行们的辛勤劳动成果,作者从中获益良多,在此向他们表示衷心的敬意!

本书有幸得到了国家自然科学基金项目(编号:41701610)、河海大学企业管理学院和湖北水事研究中心的大力支持。在此,作者表示诚挚感谢!

由于作者水平有限,虽多次校稿,仍难免有疏漏,诚请各方专家和读者不吝指正。

张丽娜

2018年9月于武汉

目 录

第一篇 基础分析篇

第1章 概　述 ·· 002
  1.1 研究背景 ·· 002
  1.2 问题提出及拟采取的解决技术 ·· 004
  1.3 研究意义 ·· 006
      1.3.1 有利于提高流域内省区间初始水权配置的适用性 ············· 006
      1.3.2 有利于推进太湖流域初始水权配置实践 ······················· 007
  1.4 国内外相关研究进展及发展动态分析 ·· 007
      1.4.1 水权及相关内涵研究进展 ··· 007
      1.4.2 初始水权及排污权配置原则的研究进展 ······················· 011
      1.4.3 初始水权及排污权配置机制的研究进展 ······················· 013
      1.4.4 国内外同类配置方法的研究进展 ································ 015
      1.4.5 国内外研究发展动态评述 ··· 024
  1.5 研究框架与研究方法 ·· 025
      1.5.1 研究构思 ·· 025
      1.5.2 研究内容 ·· 026
      1.5.3 研究方法 ·· 027
      1.5.4 技术路线 ·· 027

第2章 太湖流域初始水权量质耦合配置的理论基础 ······························ 029
  2.1 太湖流域初始水权耦合配置的目标及指导思想 ···························· 029
      2.1.1 配置目标 ·· 029

2.1.2 配置指导思想 ·· 030
  2.2 太湖流域初始水权耦合配置模式的选择 ························· 031
　　2.2.1 太湖流域初始水量权配置模式的选择分析 ············· 031
　　2.2.2 太湖流域初始排污权配置模式的选择分析 ············· 033
　　2.2.3 太湖流域初始水权量质耦合配置模式的选择分析 ······ 042
  2.3 太湖流域初始水权量质耦合配置模型构建的理论分析 ········· 043
　　2.3.1 太湖流域初始水量权配置模型构建的支撑理论 ········ 043
　　2.3.2 太湖流域初始排污权配置模型构建的支撑理论 ········ 045
　　2.3.3 太湖流域初始水权量质耦合配置模型构建的支撑理论 · 047
  2.4 本章小结 ·· 049

第3章 典型流域初始水权配置实践 ·································· 050
  3.1 中国北方典型流域初始水权配置实践 ····························· 050
　　3.1.1 黄河流域水权配置实践 ·· 050
　　3.1.2 大凌河流域水权配置实践 ····································· 053
　　3.1.3 黑河流域水权配置实践 ·· 055
　　3.1.4 塔里木河水权配置实践 ·· 058
  3.2 中国南方典型流域初始水权配置实践 ····························· 062
　　3.2.1 晋江流域水权配置实践 ·· 062
　　3.2.2 广东省北江流域水权配置实践 ······························ 064
　　3.2.3 湘江流域水权配置实践 ·· 065
  3.3 本章小结 ·· 068

第4章 太湖流域水资源利用现状 ···································· 069
  4.1 太湖流域概况 ·· 069
　　4.1.1 自然概况 ··· 069
　　4.1.2 社会经济概况 ·· 070
　　4.1.3 流域治理概况 ·· 071
  4.2 太湖流域水资源及开发利用状况 ································· 072
　　4.2.1 太湖流域水资源数量概况 ····································· 072
　　4.2.2 太湖流域水资源质量概况 ····································· 073
　　4.2.3 太湖流域初始水权配置实践概况 ··························· 074
  4.3 太湖流域省区初始水权量质耦合配置驱动因素分析 ············ 076
　　4.3.1 太湖流域用水趋势分析及面临的主要问题 ··············· 076

目 录

  4.3.2 太湖流域主要污染物排放趋势分析及面临的主要问题 …… 079
 4.4 太湖流域省区初始水权量质耦合配置的必要性与可行性分析 …… 080
  4.4.1 太湖流域省区初始水权量质耦合配置的必要性分析 ……… 080
  4.4.2 太湖流域省区初始水权量质耦合配置的可行性分析 ……… 081
 4.5 本章小结 ………………………………………………………… 082

第二篇 方案设计篇

第5章 太湖流域初始水量权差别化配置方案设计 ………………… 084
 5.1 差别化配置的基本原则、主客体及基本思路 ………………… 084
  5.1.1 太湖流域初始水量权差别化配置的基本原则 ………… 084
  5.1.2 太湖流域初始水量权差别化配置主体及客体 ………… 086
  5.1.3 太湖流域初始水量权差别化配置思路 ………………… 086
 5.2 多情景约束下太湖流域初始水量权差别化配置指标体系 …… 087
  5.2.1 太湖流域初始水量权差别化配置影响因素及表征指标 …… 087
  5.2.2 用水效率控制约束情景设定及描述 …………………… 089
  5.2.3 用水效率多情景约束下差别化配置指标体系框架 …… 092
 5.3 配置模型的构建及求解方法 …………………………………… 092
  5.3.1 配置模型的构建 ………………………………………… 093
  5.3.2 模型的求解 ……………………………………………… 097
 5.4 太湖流域初始水量权差别化配置方案 ………………………… 100
  5.4.1 基础数据的整理 ………………………………………… 100
  5.4.2 太湖流域省区初始水量权配置结果 …………………… 102
  5.4.3 结果分析 ………………………………………………… 106
 5.5 本章小结 ………………………………………………………… 107

第6章 太湖流域初始排污权配置方案设计 ………………………… 109
 6.1 排污权配置的基本原则、主客体及基本思路 ………………… 109
  6.1.1 太湖流域排污权配置的基本原则 ……………………… 109
  6.1.2 太湖流域排污权配置的配置主体及客体 ……………… 110
  6.1.3 太湖流域排污权配置的配置思路 ……………………… 111
 6.2 模型构建的相关配置要素及技术 ……………………………… 112
  6.2.1 纳污控制必要性分析 …………………………………… 112
  6.2.2 纳污控制指标的界定及其对水质的影响 ……………… 113

6.2.3 区间两阶段随机规划方法 …………………………………… 114
6.3 配置模型的构建及求解方法 …………………………………………… 116
6.3.1 基本假设 …………………………………………………… 116
6.3.2 目标函数及约束条件 ……………………………………… 117
6.3.3 模型的求解 ………………………………………………… 123
6.4 太湖流域初始排污权配置方案 ………………………………………… 125
6.4.1 数据的收集与处理 ………………………………………… 125
6.4.2 参数的率定 ………………………………………………… 127
6.4.3 太湖流域各省区初始排污权配置结果及分析 …………… 130
6.5 本章小结 ………………………………………………………………… 133

第7章 太湖流域初始水权量质耦合配置方案设计

7.1 初始水权量质耦合配置的基本原则、主客体及基本思路 …………… 135
7.1.1 初始水权量质耦合配置的基本原则 ……………………… 135
7.1.2 初始水权量质耦合配置的配置主体及客体 ……………… 136
7.1.3 初始水权量质耦合配置的配置思路 ……………………… 136
7.2 基于GSR理论的量质耦合配置系统的构成要素分析 ………………… 138
7.2.1 基于GSR理论的量质耦合配置系统的构成要素 ………… 138
7.2.2 量质耦合配置系统的构成要素之间的作用关系分析 …… 139
7.3 基于GSR理论的太湖流域初始水权量质耦合配置模型的构建 ……… 140
7.3.1 各省区对可配置水量的差别化共享规则的设计 ………… 141
7.3.2 基于"奖优罚劣"原则的强互惠制度设计 ……………… 142
7.3.3 太湖流域初始水权量质耦合配置方案的确定 …………… 147
7.4 太湖流域初始水权量质耦合配置方案 ………………………………… 148
7.5 小结 ……………………………………………………………………… 152

第三篇 总结与展望篇

第8章 结论与展望

8.1 主要结论 ………………………………………………………………… 156
8.2 政策建议 ………………………………………………………………… 158
8.3 研究展望 ………………………………………………………………… 159

参考文献 ……………………………………………………………………………… 161
专用名词缩写索引 …………………………………………………………………… 175

第一篇　基础分析篇

气候变暖导致水循环加快,人类活动导致用水量增加及水环境污染,二者的双重影响,给太湖流域的水资源管理带来新的挑战。水资源管理的成功之路在于适应性管理,太湖流域在应对水资源挑战时应重在响应。流域初始水权配置是水资源管理过程中的一项重要内容,是解决水资源问题的有效途径。

本篇是本书的基础分析部分,主要阐述流域初始水权配置的研究背景、研究现状以及本书的整体研究框架,同时介绍太湖流域初始水权量质耦合配置的理论基础,典型流域初始水权配置实践经验以及太湖流域水资源利用现状,为下一篇的方案设计提供理论基础以及实践借鉴。

第 1 章
概 述

1.1 研究背景

在全球气候变化和人类活动的双重影响下,区域性水资源匮乏、水环境污染严重和水生态退化等问题,导致水资源约束问题已成为困扰全球经济的共同挑战,严重影响和制约着世界经济社会的发展进程[1-4]。围绕困扰全世界的水资源问题,2012 年世界水理事会举行以"治水兴水,时不我待(Time for Solutions)"为中心主题的第六届世界水论坛,并提出解决水资源问题的主体框架,这充分体现了国际社会对水资源问题的高度重视,以及对解决水资源问题的迫切期盼。《2013 年中国水利发展报告》指出,近年来,我国流域的现状用水总量比改革开放初增加了约 1 500 亿 m^3,全国现状合理用水需求缺口超过 500 亿 m^3;同时,水资源时空分布不均的特点进一步加剧水资源短缺;流域水生态问题十分严峻,流域入河湖污染物不断增加,水体水质持续恶化,海河、淮河、辽河和太湖流域水体污染严重[5]。世界自然保护联盟水资源项目主任吉尔·博格坎普指出,水管理才是解决世界水危机的根本所在[6]。

气候变暖导致水循环加快,太湖流域在应对水资源挑战时应重在顺应。《2018 年世界水资源开发报告》称,受气候变化影响,全球水循环加快导致湿润的地区更加多雨,干旱的地区更加干旱。2016 年太湖流域的水资源总量为 439.2 亿 m^3,比 2014 年、2015 年分别增加 210.3 亿 m^3、96.8 亿 m^3,分别增长了 91.87%、28.27%。水资源总量的显著增加虽解决了太湖流域的水量缺水问题,但是"太浦河锑浓度异常事件",再次警示太湖流域决策者应在配置水权的过程中,需考虑水质性缺水问题。同时,太湖流域的水资源利用效率与发达国家相比还存在一定差距,如 2016 年太湖流域内的万元工业增加值所需用水量指标为 41 m³,而美国、日本、德国、法国、意大利、加拿大、西班牙、韩国、澳大利亚、荷兰等发达国家万元工业增加值用水量为 2 183 m³。因此,面对气候变化导致的水循环加剧,太湖流域水权配置的重点是如何将水量与水质耦合配置流域初始水权,提高用水效率,严控入湖排污总量,顺应水资源的挑战。

(1) 我国实行最严格水资源管理制度

伴随着我国经济社会的快速发展,水资源短缺、水环境恶化和水生态退化等一系列水问题日益凸显,并已经成为制约我国经济社会发展的主要瓶颈[7-8]。面对我国日益突出的水资源问题,2011 年中共中央 1 号文件《中共中央国务院关于加快水利改革的决定》(简称《决定》)和中央水利工作会议明确提出要实行最严格的水资源管理制度,包括建立用水总量控制制度、用水效率控制制度、水功能区限制纳污制度等,并确立了"三条红线",即水资源开发利用控制红线、用水效率控制红线和水功能区限制纳污红线[9]。

根据《2017 太湖健康状况报告》,2017 年太湖流域水资源管理的严峻形势主要表现为:太湖流域社会经济保持高速发展,土地面积全国占比仅为 0.4%,GDP 全国占比高达 9.8%,为支撑中国经济最发达的区域之一,流域人均水资源量为 342 m³,远低于全国平均水平 2 300 m³,须充分利用长江过境水源。水质约束虽日渐改善,重点水功能区水质达标率仅为 58.3%,直接威胁到城乡居民的饮水安全和身心健康;水体污染严重,55.9%的河床劣于Ⅲ类水,湖泊富营养化。如何从根本上缓解水资源问题,保障 21 世纪中国经济社会的可持续发展,已经成为我国社会发展进程中的重大课题[9]。

(2) 我国实行水资源消耗总量与强度双控行动

针对水资源约束趋紧等问题,2016 年,水利部、国家发展改革委联合印发《"十三五"水资源消耗总量和强度双控行动方案》,提出实行水资源消耗总量与强度双控行动。面对日益复杂的水问题,十八届五中全会提出实行水资源消耗总量和强度双控行动,建立健全用水权初始分配制度,助推供给侧结构性改革,加快转变经济发展方式。

2016 年 12 月,水利部太湖流域管理局印发《关于推进太湖流域片率先全面建立河长制的指导意见》,提出太湖实行水资源消耗总量和强度双控行动,强化水资源承载能力刚性约束,全面推进太湖流域片节水型社会建设,促进经济发展方式和用水方式的转变。《浙江省实行水资源消耗总量和强度双控行动加快推进节水型社会建设实施方案》、《上海市"十三五"水资源消耗总量和强度双控行动实施方案》、《江苏省用水总量控制管理办法》等政策法规相继出台,为太湖流域水权配置工作的开展指明了方向。

(2) 流域初始水权配置是解决水资源约束趋紧问题的有效途径

水资源合理配置是实现节水社会建设、推进水环境综合治理的重要前提,故水资源合理配置可有效解决水资源约束趋紧问题,有利于最严格水资源管理制度落实[11]。而明晰流域初始水权是实现水资源在各省区及各用水行业之间进行公平、合理、有效配置的有效途径,是促进水资源有效配置的主要内容和重要前提。因此,解决水资源约束趋紧问题的关键在于合理配置流域初始水权[12]。我国水权配置实践虽然进展明显,继1987年编制的黄河正常来水年及1997年编制的黄河枯水年可供水量配置方案之后,相继出版了一批理论成果[13-15]。但53条跨省江河流域水量分配方案,只有13条具备报批条件,这与建立健全用水权初始分配制度的要求极不适应[16]。

随着经济社会的快速发展,水环境恶化问题日趋凸显,流域内区域间排污冲突不断爆发,流域初始排污权配置是解决该矛盾的有效途径,也是排污权交易中争议最大和最困难的问题[17]。开展流域水功能区限制纳污红线管理,严格控制污染物入河湖总量,是落实最严格水资源管理制度的核心环节[18]。基于纳污红线控制约束,选择合适的流域初始排污权配置模式,将入河湖污染物总量合理有效的配置给流域内各区域,化解区域排污冲突,是一个值得研究的课题。继1988年颁布《水污染物排放许可证管理暂行办法》和1996年实行《国家环境保护"九五"计划和2010年远景目标》之后,流域初始排污权配置研究也全面开展起来,如太湖流域分别在2008年和2013年编制《太湖流域水环境综合治理总体方案》,明确水污染物排放总量控制目标。2016年,太湖局与长江委共同编制《长江经济带沿江取水口排污口和应急水源布局规划》并实施,2017年,长江经济带入河排污口核查工作顺利开展,进一步加强了入河排污口监管。

1.2 问题提出及拟采取的解决技术

(1) 问题提出

流域初始水权由流域级自然水权、省区初始水权和流域级政府预留水量三部分构成,其中,流域级自然水权是为满足流域公共生态环境合理用水需求的水资源额度或供水额度;省区初始水权是根据水资源自然条件和开发利用现状,满足流域内各省区水资源开发利用和节约保护需求的水资源额度或供水额度;流域级政府预留水量是为了应对未来自然和社会经济发展过程中的各种不可预见因素和紧急情况,由中央政府或流域管理机构具体负责管理的预留水量[19]。在流域初始水权的三个组成部分中,流域级自然水权和流域级政府预留水量因其配置过程的特殊性应优先考虑,预先扣除,具有相对独立性;省区初始水权是流域初始水权的主要组成部分或内容,因其配置过程较多涉及各省区的用水权益而最难协调确定。流域初始水权的组成结构,见图1.1。

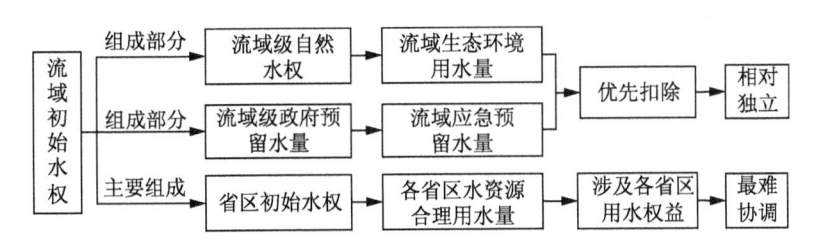

图1.1 流域初始水权的组成结构

在后文中所指的太湖流域初始水权配置是以太湖流域所辖省区作为初始水权配置的对象。太湖流域初始水权配置是流域内各省用水利益的重新配置过程,尤其会对水权既得利益者产生极大的影响,是传统流域初始水权配置的主要内容和关键环节,也是最难协调的部分。因此,明晰流域内各省间初始水权是保障各省区合理用水需求,实现各省区之间协同有序发展的重要途径,是落实最严格水资源管理制度和双控行动的重要技术支撑之一。流域内各省区间初始水权配置是政府主导下的水资源配置模式,是实现水权交易、发挥市场在资源配置中起决定性作用的重要前提,是缓解各省区间用水矛盾的有效途径。为解决我国日益复杂的水问题,实现水资源有效配置和高效利用,我国实行最严格的水资源管理制度和双控行动,明确了"三条红线"和控制目标,并通过建立水资源管理责任和考核制度、健全水资源监控体系、完善水资源管理体制等并予以保障、实施。太湖流域初始水权配置方案的设计如何适应这些管理制度的硬性约束,如何从根本上缓解当前的水资源严峻形势,统筹考虑水量(量)和水质(质),实现水资源高效配置,是本书研究的主要问题。

(2)拟采取的解决技术

采用"耦合"的方法开展研究。耦合过程是一个适应性学习过程,通过耦合,得以使水质影响叠加耦合到水量的配置,流域初始水权配置的主体相互配合、互相适应,缓解水环境危机,提高水权配置结果的科学性和实用性。采用"耦合"方法研究流域内各省区间初始水权配置理论和方法,主要基于以下考虑:"耦合"在最严格水资源管理制度的实施过程中具有客观存在性。一方面,由于水资源在数量和质量上具有天然双重耦合性,因此,在流域内各省区间初始水权配置过程中必须统筹协调用水总量控制制度和水功能区限制纳污制度,将水质影响耦合叠加到水量配置;另一方面,也要考虑用水效率水平对水量和水质的影响。

考虑到流域内各省区间初始水权配置具有敏感性、复杂性和不确定性等特点,逐步寻优的流域内各省区间初始水权量质耦合配置过程一般包括三个阶段:①流域内各省区间初始水权宏观层面的水量权配置,即针对流域可分配水资源量(水量),开展的流域内各省区间初始水量权配置,获得流域内各省区的初始水量权配置结果;②流域内各省区间初始水权微观调控层面的排污权配置,即针对污染物入河湖限制排污总量(水质),开展的流域内各省区间初始排污权配置,获得流域内各省区的初始排污权配置结果;③基于政府强互惠理论的流域内各省区间初始水权量质耦合配置,耦合初始水量权与初始排污权的配置结果,将水质的影响耦合叠加到水量的配置,最终获得流域内各省区间初始水权量质耦合配置方案。

1.3 研究意义

本书面向最严格水资源管理制度和双控行动的硬约束,以用水总量控制、用水效率控制和纳污总量控制为基准,构建逐步寻优的三阶段流域初始水权量质耦合配置方法,旨在寻求更能符合水资源管理要求的模型和配置方案,提高流域内各省区间初始水权配置的科学性和实用性,尤其是太湖流域配置方案设计的适用性,具有重要的理论意义和实践价值。具体体现在以下几个方面。

1.3.1 有利于提高流域内省区间初始水权配置的适用性

逐步寻优的流域内各省区间初始水权量质耦合配置模型的构建,有利于提高流域内省区间初始水权配置的适用性。

首先,面向最严格水资源管理制度和双控行动的要求,利用情景分析法(Scenario Analysis,简称SA)刻画用水效率控制约束情景,分情景研究用水总量控制下的省区初始水量权差别化配置问题,分情景以区间数的形式给出配置结果,为流域内各省区间初始水量权配置决策提供更为准确的决策空间。

其次,基于纳污总量控制的要求,运用区间两阶段随机规划(Inexact Two-Stage Stochastic Programming,简称ITSP)方法,引入区间数理论,构建流域内各省区间初始排污权ITSP配置模型,分情形以区间数形式给出主要污染物在流域内各省区的初始排污权配置区间量,为流域内各省区间初始排污权配置提供新的研究视角。

最后,利用政府强互惠理论(Governmental Strong Reciprocator,简称GSR),结合区间数理论,根据"奖优罚劣"原则,耦合叠加流域内省区间初始水量权与省区间初始排污权的配置结果,构建基于GSR理论的流域内各省区间初始水权量质耦合配置模型,计算获得流域内各省区间初始水权量质耦合配置推荐方案,为水权合理配置提供新的研究思路,有利于丰富流域内各省区间初始水权配置理论与方法。

1.3.2 有利于推进太湖流域初始水权配置实践

以最严格水资源管理制度和双控行动为指引,构建流域内各省区间初始水量权和省区初始排污权配置模型,有利于水权交易和排污权交易的有效开展,切合当前我国水资源管理的新形势,具有良好的应用前景。

有利于改善水质,避免水权争议。强互惠政府在最严格水资源管理制度和双控行动的约束下通过一个设计,将水质影响耦合叠加到水量分配,在设计中充分反映政府的强互惠地位,可以快速、准确的达成协商结果,减少协商争端。有利于解决太湖流域日益复杂的水问题,促进水资源合理开发、有效利用以及水环境综合整治工作的开展,落实最严格水资源管理制度和双控行动,规范各项用水和排污行为,为经济社会发展与水资源水环境协调发展的实现,人与水环境和谐共生具有重大的现实意义。

1.4 国内外相关研究进展及发展动态分析

1.4.1 水权及相关内涵研究进展

1.4.1.1 水权内涵研究进展

水权(Water Rights)主要是指对水量的各种权利,为了与排污权(对环境容量资源的各种权利)相区分,又被称为"水量权",其内涵的辨析,既是水权制度建设的基石,也是研究水权相关问题研究的逻辑起点[20]。因此,国内外对水权的内涵展开了大量的研究和探讨。但是国内外关于水权的内涵存在较大的差异,至今尚未形成统一的认识。

(1)国外水权内涵的研究进展

美国、英国、法国、日本、澳大利亚、菲律宾等国家或地区通过立法实践对水权内涵进行辨析,具体如表1.1所示。

表 1.1　国外立法实践对水权内涵的辨析

国家	主要内涵	法律法规规定
美国	水权是对江河、湖泊、溪流等公共水体的权利,水权只是指水资源使用权或水用益权,主要包括私人所有的先占权水权、岸边权水权,而非所有权[21]。	水资源属于各州所有,其水资源法律以州法律为主: ① 犹他州《水法》规定,犹他州的所有水属于公共财产,通过流量和流速定义许可取水量,水权是基于水量、水源、优先性、用水性质、引水地点等有益使用水的权利[22]; ② 《阿拉斯加水利用法》规定,水权是指依据该规定使用地表水或地下水的法律权利[23]; ③ 《爱达荷州宪法》和《爱达荷法律汇编》规定,水权是指根据某人的优先日从爱达荷州公共水体中引水并将之投入有益利用的任何权利(Usufructuary Right)[24]。
英国	水权归国家所有,汲水的水量及其用途都要受到行政管理控制。	① 1963 年前,英国实行河岸权,水权属于沿岸土地所有者所有,包括使用权和所有权(Private Property Right)[25]; ② 1963 年后,《水资源法》规定,水权是属于国家所有,持有经主管部门批准的许可证方可按照许可证上的条款进行取水活动,是一种使用权[20]。
法国	水权是对地表水、公共水域、私有水域、混合水道、地下水的使用权利,要服从行政机构的管理。	《水法》规定,私有水的使用权依据土地权获得,用水许可权是根据省长、部长或国家立法委员会的命令批准发给的用水优先顺序,是由中央流域委员会磋商,经立法委员会批准后颁布实施;对已有私有水用水权的优先顺序,则按民事法典有关土地所有权的条例进行管理[25]。
日本	日本规定水权归国家所有,规定了明确的水权水量,流水的占用以流量表示[26]。	① 1896 年起实施的《河川法》规定,1896 年以前既有取水团体按"惯例水权(Customary Water Right)",自动拥有水权,之后若要取得水权,必须向政府行政机构(建设省)申请获得许可,称为"许可水权(Approved Water Right)"[26]; ② 1964 年修改的《河川法》将申请惯例水权规定为义务[26]。
澳大利亚	水权指水资源的使用权或交易权。	在澳大利亚的《水权的永久交易规定》中,"水权"一词被表示为:"water rights""water property rights""property rights",是指水资源的使用权或交易权[27]。
菲律宾、西班牙、南非、俄罗斯	水权的授权主体是政府,授权内容是取水和用水的特权。	在《菲律宾水法》《南非共和国水法》和《西班牙水法》中,水资源归国家所有,专设一章对"水源的使用"或"用水"加以规定。《俄罗斯联邦水法》第 42 条规定:"属于国家所有制范畴的水体,可按照对水体的不同使用目的、水体的生态状况及水源的总量等不同情况,分别赋予一些法人或公民以短期或长期的水资源使用权"[27]。

国外学者对水权的内涵和外延也展开了大量的研究,代表性成果如下:1969年,Cheung[28]将水权定义为包括水资源所有权和使用权在内的多个权利组成的"权利束"。1984 年,Mather 和 Russell[29]将水权界定为水资源产权。1989 年,Laitos[30]认为在美国西部各州水权所包含的两大关键要素:一是从某一水道引水的权利,二是在水流外或水流内的水库或蓄水池中蓄水的权利,水权不是对水的所有权,而是用水权;Schleyer、Brooks 等[31-32]认为水权是享有或使用水资源的权利;Jungre[33]将水权归为一种区别于传统意义的特殊的私人财产权,水权的使用者并不拥有某条河流或某一含水层等水资源的所有权,仅享有使用该水权的权利——用益权;Hodgson[34]认为水权为从某一河流、溪涧或含水层等天然水源抽取和使用一定量的水的法律权利。在水权的内涵上,国外学者的研究具有阶段性特征,早期学者认为水权是包括水所有权在内的权利束,近期学者普遍认为水权只是指水使用权,而不包括水所有权或私人财产权。

(2)国内水权的内涵研究进展

国内多侧重于水权权利构成及其性质界定。从国家的层面来看,按照《中华人民共和国宪法》、《中华人民共和国水法》规定,"水资源属于国家所有"。国务院代表国家行使水资源所有权,水资源使用权依附于水资源所有权而存在。我国学界关于水权的内涵尚未形成统一的认识[7, 35, 36],争议的焦点在于水权权属的组成,水权内涵的代表性观点及代表性人物见表 1.2。

表 1.2 国内学者对水权内涵的辨析

代表性观点	代表性人物及具体内涵解释
水权是由一种权利成分构成的"一权说"	傅春(2000)[37]、周玉玺(2003)[38]、刘斌(2003)[38]等认为水权是依照法律所享有的水资源使用权。
水权是由两种权利成分构成的"二权说"	《水利百科全书》对水权的解释是"部门或个人对于地表水、地下水的所有权、使用权";关涛(2002)[40]认为水权包括水资源的所有权和使用权。
水权是由至少三种权利成分构成的"多权说"	姜文来(2000)[41]、冯尚友(2000)[42]、吴凤平(2010)[43]等认为水权是水资源的所有权、经营权和使用权的总和,既水权的"三权说";汪恕诚(2001)[44]认为水权是由水资源所有权、水资源使用权以及附着于所有权的处置权,水资源工程所有权和经营权、转让权等权力构成的权利总和;王浩、党连文等(2006)[45]认为水权包括所有权、使用权以及附着于所有权的处置权和附着于使用权的收益权;张郁(2002)[46]、马晓强(2002)[47]等将水权看成所有与水有关的权利的集合。

(3)初始水权和初始水权配置内涵的研究进展

与水权相比,初始水权是一个更为复杂的概念,各家的分歧意见较大。林有祯(2002)[48]指出,初始水权是由国家初次界定给各行政区的流域、河道断面或水域的水资源开发利用权限,是在综合考虑流域自然地理特点、生态环境条件、行政区划、取用水历史和社会经济发展需求等因素的基础上,所划分的权限。张延坤等(2004)[49]认为初始水权是国家及其授权部门第一次通过法定程序为某一区域(部门、用户)配置的水资源使用权。刘思清(2004)[50]认为初始水权配置是一种将流域的水权在同层次决策实体之间进行配置的方式,各决策实体所分到的水权数量就是初始水权。李海红等(2005)[51]指出,初始水权是公众或社会群体对水资源的初始使用权,初始水权配置是关于水资源使用权的初次分配。王浩等(2008)[19]认为初始水权是国家及其授权部门第一次通过法定程序为某一区域、部门或用户分配的水资源使用权。吴丹(2009)[52]认为初始水权是指中央政府或流域管理机构通过水量配置和取水许可制度,第一次分配给流域内不同省区或不同用水部门的水资源使用权(水权),即省区或用水部门初次获得的相对于水权转让而言的水权。王宗志、胡四一等(2011,2012)[7,53]将初始水权的定义分为两个层面:理论层面的定义是法律上第一次界定的水资源产权;应用层面的定义是第一次在法律上清晰界定某主体(地区、部门、用户)关于一定数量水资源的配置权或使用权。尹庆民、刘思思等(2013)[54]认为初始水权配置是对流域内各区域的利益进行重新配置的过程。

综上所述,初始水权配置的对象或载体是以水量为主,是一个法学概念,配置的主体是国家及其授权部门,配置的结果是使各区域(省区、行业、用水户)获得一定的水资源使用权,配置的结果受到国家政治形态、流域水资源禀赋、社会经济条件、取用水历史等因素的影响。

1.4.1.2 排污权相关内涵的研究进展

目前,排污权交易制度是备受国外关注的环境经济政策之一[55]。严格意义上的排污权交易制度由排放总量控制、初始排污权配置、排污权交易三个部分组成。由于通过初始配置,形成相对排他性、可测量和可交易的排污权份额,故初始排污权配置起着关键的承接功能,是排污权交易机制的实施有效保障[56]。因此,初始排污权配置是排污权交易制度实施的前提和基础。

美国学者Dales(1968)[57]首先将排污权(Emission Right)定义为"权利人在符合法律规定条件下向环境排放污染物的权利,即排污者对环境容量资源的使用权"。排污权(水污染物)是水权的重要组成部分,它是关于水环境容量资源的公共权力,是将环境资源的使用权由公共权力变为私人权利,即将水资源的环境容量配置给各排污主体的过程[58]。从经济学的角度看,排污权是产权概念的延伸[59],是指排污单位对环境容量资源的使用权,而非环境容量资源的所有权。蒋亚娟

(2001)[61]认为排污权是人们享有的环境容量资源的使用权、收益权和请求保护权等权利组合。有些学者从法学的视角进行界定,排污权首先是物权,并具有财产权的属性,同时排污权是他物权,是一种新型的用益物权[60]。初始排污权配置与其他资源的配置一样,属于行政许可的范畴,一般采用无偿配置或公开拍卖的方式,配置对象或载体是污染物,配置主体是相关行政管理部门[59]。

1.4.2 初始水权及排污权配置原则的研究进展

1.4.2.1 初始水权配置原则的研究进展

初始水权配置原则是开展初始水权配置的重要依据,是实现水资源合理配置、有效管理的基础,反映了人们心中的价值取向,决定着初始水权配置的格局。因此,配置原则的确定是初始水权配置的一个重要环节。许多国内外专家和学者都对此开展了深入的研究探讨。

在国外,Levite、Nkomo 等(2002,2004)[59]认为,公平原则对于流域水资源的配置至关重要。Van der Zaag、Seyam 等(2002)[64]在基于公平的原则探讨国际河流分水时,比较了国家数目、占流域面积和人口数目等 3 种配置模式,得出了以人口数目作为配置模式最公平的结论。Thoms、Kashaigili 等(2002,2005)[65,66]认为水权配置时应遵循留足环境流量原则。Hu 等(2016)[67]以实现水资源配置公平为主要目标,同时兼顾经济效益风险控制。Naserizade、Yamout 等(2007,2018)[68,69]强调水资源配置应注意水资源配置的效益损失风险,注重配置的经济效率。

国内学者对初始水权配置原则的确定展开了大量的研究与探讨,主要研究观点如下。石玉波(2001)[70]认为初始水权配置应遵循八大原则:优先考虑水资源基本需求和生态系统需求原则、兼顾公平与效率且公平优先的原则、保障社会稳定和粮食安全原则、时间优先序原则、承认现状原则、地域优先原则、合理利用原则、留有余量原则。林有祯(2002)[48]提出初始水权配置应体现先上游后下游,先域内后调引,先生活再生产娱乐,先传统再立新的原则。汪恕诚(2003)[71]认为初始水权配置应遵循六大原则:基本生活用水保障原则、水源地优先原则、粮食安全原则、用水效益优先原则、投资能力优先原则、用水现状优先原则。另外,一些学者如吴凤平(2005)[72]、郑剑锋(2006)[73]、陈燕飞(2007)[74]和王浩(2008)[19]等认为初始水权配置原则与水资源配置原则是一脉相承的,都须遵循有效性原则、公平性原则和可持续性原则。王宗志、胡四一等(2011)[7]确定了水量相对丰沛的北江流域的初始水权配置原则:基本用水保障原则、公平性原则、尊重现状原则、高效性原则和权利与义务相结合原则。肖淳、邵东国等(2012)[75]认为初始水权配置原则包括粮食安全保障原则、生态用水保障原则、尊重历史与现状原则、高效性原则、公平性原则以及保护环境原则。王浩和游进军(2016)提出应根据水资源的五维属性：生态、资源、经济、环境和社会，基于用水总量和纳污总量等控制建立多维调控决策机制，追求区域水资源生态——经济服务价值最大。

通过对相关文献的综合分析发现，初始水权配置原则的确定是与流域的水资源特点紧密相关的，配置原则不是一成不变的，而应该结合流域实际进行确定。

1.4.2.2 初始排污权配置原则研究进展

国外专家和学者主要是对碳排放权配置原则进行探讨，但它可为初始排污权(水污染物)配置原则的确定提供重要参考。Kvemdokk(1995)[78]指出初始碳排放权配置需遵循伦理学的公平原则和政治上的可接受性原则。Fischer等(2003)[79]认为初始碳排放权配置应该坚持公平原则。Bruvoll、Larsen等(2005)[80]认为初始碳排放权配置应体现谁排放、谁负责的公平性原则，并提出按照历史责任对碳排放权进行初始配置的方式。Mostafavi、Afshar(2011)[81]指出，水污染物排放量配置(Water Pollution Load Allocation)应坚持公平性原则。

在国内，李寿德和黄桐城(2003)[82]认为初始排污权免费配置应遵循经济最优性、公平性和生产连续性原则，经济最优性原则是指初始排污权应倾斜于对污染控制区边际贡献最大的厂商，最大化控制区总的经济效益；公平性原则是指各个排污厂商在初始排污权的配置上应享有平等的权利，保障公平合理性；生产连续性原则是指初始排污权的配置结果应能保证生产的相对稳定性。宋玉柱、于术桐、陈龙等(2006，2009，2011)[82]认为流域初始排污权配置的基本原则是兼顾公平原则和效率原则。于术桐、黄贤金等(2010)[85]认为流域初始排污权配置除了要兼顾公平和效率原则外，还需遵循尊重历史和微观协调的原则，即流域初始排污权配置还需考虑到流域水资源环境容量、技术进步、国家及区域发展总体规划等因素的影响。刘钢、王慧敏等(2012)[17]认为太湖流域工业初始排污权配置的核心原则是"公平、效率、可行"。其中，公平原则可刻画为生态公平、交易公平、代际公平和环境风险公平；效率原则可刻画为环境效率、经济效率、社会效率；可行性原则可归纳为技术可行、经济可行和责权配置可行。黄玲花等(2016)[86]以单位土地面积探索初始排污权配置模式。张丽娜等(2018)[87]以"纳污总量控制、兼顾公平和效益、尊重区域水环境容量差异、保障社会经济发展连续性"为排污权配置原则。

归纳起来，目前的初始排污权配置原则主要有三大类：一是公平性原则；二是经济性原则；三是可行性原则。在学者的研究过程中，三类原则不断地被赋予新的内涵，流域初始排污权配置原则考虑的因素更加全面。

1.4.3 初始水权及排污权配置机制的研究进展

1.4.3.1 初始水权配置机制的研究进展

初始水权配置机制对水资源管理体制的完善起到关键作用，牵动着水资源的开发、利用、保护、监管四项制度的实施，有利于实现水资源的高效配置和有效利用。在国内，胡鞍钢（2000）[88]、汪恕诚（2000）[89]、葛颜祥（2002）[90]、胡继连（2004）、王亚华（2005）[92]、李长杰（2006）[93]、雷玉桃（2006）[94]、韩霜景（2008）[94]、王慧敏（2009）[96]、吴凤平（2010）[14]、吴丹（2012）[97]等学者先后对初始水权的配置机制进行研究与探讨，可将国内学者所提出的初始水权配置机制归纳为四种：①行政配置机制；②用户参与协商配置机制；③市场配置机制；④混合配置机制。其内涵及其优缺点见表1.3。

表1.3 四种初始水权配置机制的内涵及优劣分析

类型	内涵	优点	不足
行政配置机制	流域管理机构、行政区域水资源主管部门等配置主体，通过制定取水许可的论证与审批、水量配置方案、行政管理制度，逐级在流域级、各省区、自治区用水户等决策实体之间，进行初始水权的配置与管理，以满足各级合理用水需求的水资源额度或供水额度。	① 有利于实现国家宏观目标和整体发展规划，实现非经济性目标，如满足基本生活和生态、优势产业的用水需求； ② 在制度安排上易于操作和执行； ③ 有利于减少谈判费用，节约成本。	① 由于缺乏市场规则和经济杠杆的调节作用，容易导致水资源价格严重扭曲，及管理的低效率； ② 由于缺乏用水户参与，造成政府与用水户之间的信息不对称，从而容易引起"政府失效"和"管制者与被管制者之间存在招租和寻租行为"。
用户参与协商配置机制	流域范围内由涉及用水权益的省区或用水部门以平等的地位构成[98]，如流域用水组织、水利灌溉组织等，以谈判、协商或投票等民主协商的形式来实现水资源管理和水权配置，以确保水权配置方案具有公平性。	① 有利于提高水权配置的弹性，兼顾公平与效率； ② 有利于降低了监督成本，提高了管理效率。	① 协商过程复杂、周期长、成本高； ② 用水户协会组织难以充分表达所有省区或用水部门的用水利益诉求，易忽略弱势群体的用水利益诉求。
市场配置机制	资源管理者利用市场在相互竞争的下级决策实体之间配置水权，如拍卖、租赁、股份合作、投资分摊等，特征是利用价格机制反映并满足竞争性决策实体的用水需求。	① 充分挖掘流域水资源的经济价值，促进水资源的有效配置； ② 通过拍卖的方式配置水权，可大幅提升所有权收益，为水利工程建设及维护提供资金保障。	① 一些，如农业用水、生活用水、公共用水等重要用水，相对于工业用水因边际效益较低难以满足； ② 单一采取拍卖的方式配置初始水权，容易走向"市场失灵"。
混合配置机制	2种或2种以上配置机制的有效结合。	兼顾2种或2种以上配置机制的优点。	—

综上所述,行政配置机制较偏向于政府主导的方式,在保障用水安全和公平方面具有体制优势;用户参与协商配置机制配置初始水权依赖于用户对用水信息的把握,有利于提高配置方案的可接受性;市场配置机制将水权更多的配置给边际效益高的用水户,可以提高水资源的利用效率;同时,这三种单一配置机制都存在一定的不足。本文认为,采用三种配置机制相结合的配置机制,即政府主导、用户参与、市场在资源配置中起决定性作用的配置机制,是最有效可行的配置机制。政府主导是初始水权配置贯彻公平性原则的保障,用户参与可提高配置结果的满意度,市场在资源配置中起决定性作用可充分发掘水资源的经济价值。事实上,由于初始水权配置的技术复杂性和制度敏感性,一般在初始水权配置的第一层次,即水权初始配置阶段采用政府主导、用户参与的配置机制,在初始水权配置第二层次,即水权交易阶段采用市场配置机制。

1.4.3.2 初始排污权配置机制的研究进展

现有的初始排污权的配置机制按取得方式的不同被分为两类:免费配置和有偿配置[99]。免费配置方式是指中央政府或流域管理机构、各省(自治区、直辖市等)环境主管部门,按照一定的标准将流域某种污染物排放总量,逐级免费配置的过程[99]。有偿配置方式包括公开拍卖和标价出售。相对于免费配置方式易于推广,但排污权是属于当地所有公众的公共稀缺资源,若全部以免费的方式配置给现有的排污单位,对于社会公众显然是不公平的。有偿配置方式是对环境污染外部性的内部化,以此作为政府收入的一项来源,是非常有益的,但排污者对收费的抵触心理致使该配置方式受到很大的阻力。在实践应用及学术探讨中,尤其是在引入排污权交易制度的初期阶段,免费配置方式可操作性更强[82, 100-102]。

综上所述,两种配置方式各有其特定的适用条件、功能定位及优缺点。目前,有关初始排污权配置方式或机制研究的代表性学术成果如下,Fischer 和 Fox(2004)[103]通过构建局部均衡模型,分析基于产出的初始排污权配置对配置效率和均衡的影响,得出初始排污权配置机制的选择对配置效率和效果具有重要影响的结论。吴亚琼、赵勇等(2003)[104]基于政府和企业之间、企业和企业之间排污信息不对称和不完全的假设,从兼顾配置公平和效率的角度出发,提出初始排污权的协商仲裁机制,该机制有利于降低政府对于信息质量的要求。李寿德和黄桐城(2006)[105]依据机制设计原理,构建了交易成本条件下使期望社会福利最大化的初始排污权免费配置模型,研究免费配置的决策机制。

孔亮(2009)[106]指出,太湖流域水污染物总量控制机制,有利于降低政府管制成本,有利于政府对排污总量进行宏观调控。在该机制中,政府的主要职能是确定和调节流域的排污总量,进行初始排污权配置,以及对排污单位的监控和对排污权交易市场的监督。邹伟进、朱冬元等(2009)[107]认为单一的排污权配置方式因其自身的不足,导致排污权配置机制的低效率。若能在排污权初始配置机制的构建过程中,引入累进性的价格机制思想,使免费与有偿配置方式有机结合,使其发挥环保产业的补偿功能,以据此构建的配置机制来界定排污权价格,可有效地防范市场势力,实现排污权的公正有效配置。金帅、盛昭瀚等(2013)[108]研究初始排污权在排污企业之间的配置,提出构建以企业社会责任为内涵的排污权初始配置机制,在确保机制产生最优激励效果的同时,可将其产生的社会外部性问题纳入其合理可控的管制范畴,实现社会治理的良性互动。王洁方(2014)[109]提出由"排污管理者"制定柔性决策参数,"排污方"在柔性参数约束下开展自主竞争的初始排污权配置机制。王艳艳等(2016)[110]构建基于限排总量逐层分解的流域两层排污权分配机制。张丽娜等(2018)[87]以"纳污总量控制、兼顾公平和效益、尊重区域水环境容量差异、保障社会经济发展连续性"为配置原则,提出了多因素混合配置机制。

1.4.4 国内外同类配置方法的研究进展

1.4.4.1 国外同类配置方法的研究进展

国外同类配置方法研究进展的归纳梳理,将从以下四个方面展开:国外水资源或流域初始水权配置方法;国外省区初始水权配置方法;国外省区初始排污权配置方法;其他行业国外初始权配置方法。

(1) 国外水资源配置方法

国外学者针对水资源或流域初始水权配置方法的研究,已倾向于从单一的水资源配置模型向多模型、多目标,或不同阶段耦合方向发展。其主要观点与成果表现在:

1) 多模型耦合方法。水资源或流域初始水权配置过程是一个涉及技术、经济、社会、环境和法律的跨学科问题,需要采用多模型耦合的方法进行研究。Daene、McKinney等(2002)[87]基于面向对象技术将水资源管理模型与GIS有机结合模拟流域水资源配置。Cai、McKinney等(2003)[112]针对特定流域内存在灌溉引起的土地盐碱化问题,将水文—经济耦合模型改进为水文—农业—经济耦合模型。Cai、Ringler等(2006)[113]将水资源模型与经济模型、水文模型进行耦合,并把模型应用于智利的Maipo流域。

2) 多目标耦合方法。Xevi、Khan、Yang等(2005,2006)[114,115]采用多目标耦合方法相继构建了一系列水资源配置模型,基于各种约束条件,以不同时空尺度下的供水、地下水水质、经济性和生态环境为目标函数构建多目标优化模型,地下水模拟模型中参数率定采用灰色模拟技术,耦合地下水模拟模型和多目标优化模型采用响应矩阵方法予以实现。采用多目标优化模型耦合的方法,使配置结果更能统筹体现多维目标,有利于提高配置结果的满意度。

3) 基于博弈的配置方法。Wang、Hipel 等(2003)[116]认为如果经济高效的配置计划无法实现,对参与者和利益相关者都不公平。基于合作博弈理论提出实施水资源配置的两个步骤:首先,将初始水权配置给用水户或利益相关者,实现现有的水权制度和协议;然后,通过水权交易重新配置达到有效利用的目的。Kerachian、Bazargan-Lari 等(2009,2010)[116]研究了基于水质的地表水和地下水的综合配置问题,提出了解决该问题的两种冲突博弈模型,并将模型应用于德黑兰省的水资源配置,以维持水资源的采补平衡。Campenhout 等(2015)[119]基于效率与公平问题构建灌溉用水的博弈模型。

4) 基于协作的配置方法。Wang、Hipel 等(2003)[120]强调水资源配置中的协作配置方法,认为在完成流域初始水权配置基础上,通过水权转让实现水资源和净收益的再分配,才能增进整个流域的利益相关者的公平合作并实现水资源的高效利用。之后,提出基于均衡水权的合作式水资源配置模型,并提出三种配置模型:优先占用权配置模型(PMMNF)、河岸水权配置模型(MRWRA)以及字典编纂的最小缺水率模型。Wang、Hipel 等(2007,2008)[121,122]基于兼顾公平和效率的思想,将上面三种方法改进为流域初始水权配置两阶段协作配置模型(CWAM),采用基于优先权的最高多阶段网络流程(PMMNF)方法和词典编纂的最小缺水率方法,并将协作配置配置模型应用于南萨斯卡万河流域,提高用水户的理解和合作,以使水资源短缺的潜在损害减到最少。

(2) 国外流域初始水权配置方法

省区初始水权(水量权)配置是指按照一定的规则,以政府为主导,根据水资源总体规划和水资源配置方案,依靠法律手段,将流域可分配水资源量初步合理配置在各省区的过程。国外鲜见对省区初始水权配置的研究成果,但存在流域可分配水资源量在各省区或区域进行配置的研究,主要研究成果如下:①多模型耦合方法。Condon、Maxwell 等(2013)[123]将几个线性优化水资源配置算法模块耦合为一个集成的物理—水文—水资源管理模型,并应用于美国沃希托河的水资源配置。②考虑水质影响的配置方法。Zhang、Wang 等(2010)[124]在研究流域水资源合理配置问题时,将污染物迁移和水循环过程考虑在内,建立流域水量水质耦合模型。多模型耦合能够解决水权配置过程中跨学科的复杂性问题,达到配置结果最优化的目的,这些方法的运用极大地提高了模型的实用性。③多方参与的配置方法。Ralph(2005)[125]为美国的德克萨斯州建立了水权分配模拟模型(Water Rights Analysis Package,WRAP),该模型以州内23条河流为研究对象,首先计算每年流域或区域可配置水资源量,然后通过民众参与等方式,最终确定配置方案。Read、Madani 等(2014)[126]基于经济学权力指数配置方法模拟利益相关者谈判的过程,以提高配置方案的稳定性。

(3)国外流域初始排污权配置方法的研究进展

Coase(1960)[127]在《The problem of social Cost》中,提出可通过市场和产权的方式来解决环境的负外部性问题,即在市场交易成本为零的条件下,无论如何配置初始排污权,都可以通过市场交易达到资源的优化配置。由于受 Coase 定理的影响,除 Lyon、Rose、Stevens、Hahn 等(1982,1984,1993)[127]经济学家外,早期的大多数学者几乎都忽视了对初始排污权配置问题的研究。近年来,随着初始排污权交易制度在欧美等发达国家的不断实践,西方的一些经济学家开始认识到研究初始排污权配置问题的重要性,如 Barade(1995)[131]强调初始排污权配置是形成和制定排污权交易政策的最大壁垒;Heller(1998)[132]则认为初始排污权配置是一个政治性难题;Van Egteren、Westskog(1996)[133,134]通过对 Hahn 垄断工厂模型的延拓研究得出,当存在垄断时初始排污权配置会对市场中垄断势力的垄断行为产生重要影响,可能会提高其污染治理费用。Malik(2002)[135]在所有参与者都不强势时,垄断方可获得超过其所需的排污权,并使剩余排污权免于进行交易。

省区初始排污权配置是指政府及其授权环境主管部门,根据一定规则,确定各省区合法合理的水污染物的排放权利。结合省区初始排污权配置的内涵,系统梳理国外与此内涵相同或相似的同类研究成果,代表性成果如下:①基于经济学最优或公平性思想的排污权配置方法。Kvemdokk(1992)[78]指出按人口比例来配置初始排污权更能体现伦理学的公平原则和政治上的可接受性。Fischer(2003)[79]认为初始排污权配置应该坚持公平原则,运用平等人均权利模型进行配置。Mostafavi 和 Afshar(2011)[81]指出,水污染物排放量配置(Water Pollution Load Allocation)问题是一个包含水质模拟过程的,以改善水质和污水处理费用最小为目标的多目标规划优化决策问题。Sun、Zhang 等(2013)基于兼顾公平效率的思想,选取水资源量、人口、GDP 和 COD 最大允许排放量指标,构建基于信息熵最大的水污染物排放权配置模型。②多阶段的排污权配置方法。Wang、Yang 等(2012)[137]提出了基于两阶段的排污权配置方法,第一阶段是通过分析加权信息熵来考察公平性,第二阶段是通过分析单位 GDP 的排放量和能源消耗量来考察效率性。

国外对省区初始排污权的研究重点集中在,从兼顾经济性或公平性出发,建立符合区域特性的数学规划模型,实现初始排污权的合理配置。由于西方欧美国家在该领域的研究较早,理论方法较成熟,虽存在区域差异,但这些理念和方法对我国的省区初始排污权配置研究的理论与实践工作具有重大的借鉴意义。

(4) 其他行业国外初始权配置的研究进展

其他行业国外初始权配置的研究进展主要体现在以下几个方面:①固体污染物初始排放权配置方法。Maqsood 和 Huang(2003)[138]为解决排污权(固体污染物)的配置中不确定性问题,引入随机区间数(Interval-stochastic)的概念,构造不确定两阶段随机规划模型予以解决。②CO_2初始排放权配置方法。Ordás 和 Grether(2011)[139]研究了1960到2002年期间人均排放量的问题,文章从离差、不对称性、峰度和非参数分布等角度评估排放量的空间时间的差异性,建立了基于马尔可夫分析的排污权配置方法。Park 等(2012)[140]指出在排污权交易过程中,初始排污权配置是一个棘手的问题,因为它需要考虑各参与国的公平性。在讨论现有的拍卖和限额分配方法不足的基础上,提出基于玻尔兹曼分布(Boltzmann Distribution)的碳排放配置方法,该方法能够较为公正的、最大可能地应用于大多数国家的初始排污权配置。

1.4.4.2 国内同类配置方法的研究进展

国内同类配置方法研究进展的归纳梳理,将从以下四个方面展开:国内水资源或流域初始水权配置方法;国内省区初始水权配置方法;国内省区初始排污权配置方法;其他行业国内初始权配置方法。

(1) 国内水资源配置方法

近年来,随着遗传算法、模拟退火算法、混合优化算法等人工智能算法被引入水资源或初始水权配置模型之中(主要研究成果:贺北方等(2002)[141],刘红玲等(2007)[142],刘妍等(2008)[143]、黄显峰等(2008)、孙月峰等(2009)[145]、侯景伟等(2011)[146]、李维乾等(2012)[147])。同时,我国学者已充分认识到水资源或流域初始水权配置必须充分考虑各个环节的制约、协调和互动关系,认为不同主体之间、主体和客体之间具有不可分割性,并基于平衡、协商、交互、研讨等耦合思想,利用智能算法求解技术,着力探讨使配置过程相互关联、配置结果相对合理的配置模型或方法。其主要观点或成果如下:

1) 采用协商机制。协商机制的提出为我国的水权配置实践,提供了可行的研究思路。胡鞍钢、王亚华(2000)[88]认为流域地方政府最可能通过政治协商的方式和其他地方政府,建立组织成本较低的协商机制,通过各方利益相关者的广泛参与,在一定规则下达成用水合约,达到提高流域整体用水效益的目的。汪恕诚(2000)[148]提出我国应在统一管理流域水资源的前提下,建立一套政府宏观调控、流域民主协商、准市场运作和用水户参与管理的运行模式,为明晰水权提出了一种可行有效的操作路径。王道席、王煜等(2001)[149]通过同倍比配水、按权重配水和用户参与配水等多种方法,处理黄河下游水资源空间配置问题。同倍比配水简单实用,易于操作;按权重配水可综合考虑土壤墒情、作物综合缺水敏感指数、预报降雨等影响配水结果的主要因素,具有科学性;用户协商配水考虑了用户参与,可提供灵活多样的决策支持。贺骥、刘毅等(2005)[150]提出我国流域管理应确立以联席会议为协商形式的两级协商体制,为流域民主协商机制的构建设计了制度框架。吴凤平、吴丹等(2012)[151]基于主从递阶思想构建多目标双层优化模型,实现流域初始水权在不同区域及不同部门之间的合理有效配置。

2) 采用耦合或平衡方法。左其亭、夏军等(2002)[151]运用"多箱模型方法"建立陆面水量—水质—生态耦合系统模型,该模型是基于单元模型思想,利用计算机强大运算功能,采用多单元耦合技术,耦合水量子模型、水质子模型和生态系统子模型来建立的配置模型。王志璋、谢新民等(2005)[153],从政府预留水量"需要"和"可能"两方面着手,基于"自下而上"的预留需求和"自上而下"的预留可能,提出了流域初始水权政府预留水量确定的双侧耦合方法。该方法根据政府预留水量确定的原则和预留优先顺序,计算获得不同水平年、不同保证率、不同级别与不同类别的政府预留水量。王浩、党连文等(2006,2008)[19,45]在研究基于水资源配置模型的初始水权配置方法时,采用了基于现状供水模式的"一次平衡"、基于当地水资源承载能力的"二次平衡"以及基于外调水的"三次平衡"方法。通过"三次平衡"可实现在统一配置系统层面的供需平衡分析,提高配置方法的严谨性和实用性。

3) 采用交互或判别方法。马光文(1994)[154]运用交互式决策方法中的逐步宽容约束法,研究供水配置问题。邵东国、沈佩君等(1996)[155]针对跨流域调水工程规划管理中存在的调水量配置冲突问题,提出了一种交互式模糊多目标协商分水方法,为水量配置提供了新的研究思路。王劲峰、刘昌明等(2001)[156]提出以时空运筹模型为核心的决策判断过程透明和分层交互的决策系统,利用该系统可确定研究区社会经济发展与水资源协调的配置方案。吴凤平、陈艳萍等(2010)[14]提出基于和谐性判别的"两层次三阶段流域初始水权和谐配置方法",目的是使水权配置方案接近于经过多轮协商后的配置结果,提高水权配置方案的和谐性。

4) 基于综合集成研讨厅的群决策方法。王慧敏、唐润等(2009,2010)把综合集成研讨厅理论引入流域初始水权分配中,综合集成多利益主体定性的、不全面的感性认识,在初始水权配置中,体现多利益主体的合理要求和意愿。建议通过综合集成研讨厅平台,研讨决策流域初始水权配置方案,并采用群决策模型进行方案选择。李建勋、王浩渊等(2012)[158]针对水资源配置问题具有复杂性的特征,采用综合集成方法,建立涵盖数据、信息、模型、方法等层面资源的综合集成平台,将复杂配水模型分解为组件,采用知识图并加以可视化,使得水资源配置问题转化为主题图,形成一个具有个性化、可视化、知识化特征的配水研讨厅,为复杂配水问题提供一个定性定量相结合的解决方法。

5) 采用智能调控的方法。王光谦和魏加华(2006)[159]在构建黄河水量实施调控模型时,通过引入自适应控制器,实现了沿黄省级间分水量与初始水权分配方案基本吻合的目标。汪雅梅(2007)[160]结合水权水市场理论,研究我国水资源短缺地区的水市场调控模式的建设问题,通过构建水权初始配置模型,确定各区域的水权量,并建立相应的水权交易形式和制度,以秃尾河流域进行案例分析,为其建立一套水市场调控体系。王宗志、胡四一、王银堂等(2009,2012)[53, 161]在提出基于水量与水质的"二维水权"概念、剖析其内涵的基础上,论述了基于总量控制的流域水资源智能调控方法的核心内容和实现途径,并阐释各组成部分的结构与功能、关键技术及其之间的工作关系。

6) 基于博弈的配置方法。刘文强、孙永广等(2002)[162]结合非合作博弈论理论,通过揭示流域水资源配置问题中的用水冲突矛盾,探究和分析利益冲突各方的行为机理,为流域政策制定者制定解决流域水资源危机的对策,为我国流域水资源配置及水管理机制改革,提供决策参考。龙爱华、徐中民等(2006)[163]基于博弈论思想,比较水权配置中直接比例配置法和两部配置法对黑河流域张掖市各区域种植业经济效益的影响。罗利民、谢能刚等(2007)[163]以区域经济发展与水环境保护相协调为目标,建立了水资源多目标配置模型,并基于博弈分析思想提出了一种模型求解方法。华坚、吴祠金等(2014)[165]在分析国际河流水资源配置冲突形成机理的基础上,构建两国水资源配置博弈模型,从水量和水质配置角度,分析上下游型国际河流的水资源配置冲突问题。

7) 采用适应性配置方法。目前,应对不确定性影响的适应性配置方法,已成功地应用在水资源管理领域。王慧敏(2016)[166]利用"系统诊断——政策影响评估——系统再诊断(SIS)"方法,并将"压力+状态+响应(PSR)"分析贯穿于适应性政策研究的全过程,提出可供选择的最严格水资源管理适应性政策。左其亭(2017)[167]指出,水资源适应性利用是人类社会应对气候变化和人类活动环境效应的必然选择,不能按照固定的控制阈值或约束条件来进行,并基于对环境变化下水资源适应性利用机理的认识,提出水资源适应性利用理论的框架体系。

(2) 国内流域初始水权配置方法

吴凤平、吴丹等(2005,2010,2012)[14,168,169]学者将省区初始水权(水量权)配置称为"面向区域的流域初始水权配置"或"流域初始水权配置第一层次配置"。该类配置方法的主要研究成果如下:

1) 基于和谐或协调的配置方法。吴凤平、陈艳萍等(2010)[14]基于和谐管理理论,从方向维和程度维构造方向性判别准则和程度性判别准则,诊断面向区域的流域初始水权配置方案的和谐性。这种两维和谐性诊断能有效判断面向区域的流域初始水权配置方案的和谐性,为区域间初始水权配置方案的调整,提供理论技术支撑。王宗志、胡四一等(2010)[14]提出初始水量权和初始排污权统一配置的初始二维水权配置理论,并依此建立遵循水权配置原则的水资源系统和谐度函数,确立以和谐度最大为目标的流域初始二维水权配置模型。肖淳、邵东国等(2012)[75]提出以初始水权配置系统友好度函数最大为目标的友好度配置模型,并将此模型应用到府环河流域内各省区的初始水权配置中,配置结果可较好的衡量初始水权配置与各省区经济社会、生态环境等配置要素的友好关系。

2) 基于交互或平衡的配置方法。吴凤平、葛敏(2005,2006)[169,171]提出了一种能充分吸收不同区域对水权初始配置"认识"的交互式水权初始配置方法,实现流域初始水权配置第一层次配置。该方法能较好体现配置主体的基本诉求,提高了配置理论方法与配置实践的吻合性。何逢标(2007)[36]为实现初始水权配置与水量调度方案之间的过渡,提出了实时水权的概念,并构建了塔里木河流域实时水权配置模型。陈艳萍、吴凤平等(2011)[172]将流域中的区域分成弱势群体和强势群体,建立强势群体和弱势群体之间的演化博弈模型,探讨两群体的复制动态和演化稳定策略,分析演化博弈系统的稳定性。研究结果表明,该模型可以有效化解初始水权配置中强弱势群体间的冲突,构造和谐有序的用水环境。张玲玲等(2015)[173]通过江苏省用水结构与产业结构的用水需求与经济社会发展指标互动反馈的模拟调控的系统动力学模型,提出用水总量控制下江苏省用水结构与产业结构调控方案。

3) 基于统一考虑水量水质的配置方法。王宗志、胡四一等(2011)[7]构建了面向区域的流域初始二维水权配置模型,实现初始水量权和初始排污权二维水权的统一配置。吴丹、吴凤平(2012)[168]基于"三条红线"控制,借鉴流域初始水权配置的主从递阶思想,构建了流域初始二维水权耦合配置的双层优化模型,实现流域初始取水权与排污权的合理配置。赵宇哲(2012)[174]在充分考虑水资源量与质不可分离属性的基础上,构建以经济效益、社会效益和环境效益为目标函数,以水源的可供水量约束、需水量约束、输水能力约束、污染物排放量约束等为约束条件的非线性二维水权初始配置模型。张丽娜、吴凤平等(2014)[174]面向最严格水资源管理制度约束,针对省区初始水权配置系统需要解决的核心问题,以"三条红线"为控制基准,提出基于耦合视角的省区初始水权配置方法与理论的研究框架。

(3) 国内流域初始排污权配置方法

20世纪80年代以来,随着我国排污权交易试点工作陆续开展,排污权方面的研究工作在国内逐步开展,省区初始排污权配置问题,即面向区域的流域或河流初始排污权配置问题,随着水问题的日益凸显,正逐渐成为很多学者关注的一个热点,其主要观点与成果如下:

1) 单目标决策方法。尚静石(2006)[175]基于经济最优性原则,以污水处理费用最小为目标,构建河流初始排污权配置的动态规划模型。高柱和李寿德(2010)[176]以通过减排保护水体环境为目标,基于太湖流域水功能区划,以市级行政单元为配置主体,以化学需氧量(简称COD)、氨氮(简称NH_3-N)、总磷(简称TP)和总氮(简称TN)四种水污染物为配置客体,利用等比例削减法对太湖流域初始排污权进行配置。完善、李寿德等(2013)[177]基于经济最优性目标,将工业废水COD初始排污权配置到太湖流域的苏州、杭州、无锡、常州、嘉兴和湖州五个区域,研究发现其所选取的经济表征指标和污染物控制指标对配置结果影响较大,选择合适的指标显得尤为重要;同时,构建基于配置公平性的流域初始排污权配置模型,太湖流域配置实例计算表明:经济规模、财政收入、人口规模等公平性因子的权重大小对计算结果的影响较大。

2) 多目标决策方法。王勤耕、李宗恺等(2000)[178]提出了适应于总量控制区域的初始排污权配置方法,即为保证排污权配置结果具有现实性和公平性,引入"平权函数"和"平权排污量";为保证初始排污权配置效果与环境质量目标一致,引入"有效环境容量",构建基于平权排污量的区域排污权配置模型。黄显峰、邵东国等(2008)[179]从生态环境保护和水资源可持续利用角度出发,以经济最优和水质最优为目标,以污染物浓度控制、排污者临界排污量、总量控制及公平性为约束条件,构建河流排污权多目标优化配置模型。黄彬彬、王先甲等(2011)[179]以兼顾水环境资源配置的公平和效率为目标,将水污染物总量控制、水污染物浓度控制、排污者生产连续性等作为约束条件,构建了河流排污权多目标配置优化模型,利用多目标演化算法对假设算例进行求解分析,分析结果表明:利用该配置方式计算可获得最大的环境节余容量。

3) 多指标决策法。李如忠、钱家忠等(2003)[180]从经济、社会和环境系统考虑,构建水污染物排放总量配置AHP决策系统。于术桐、黄贤金等(2010)[85]在分析流域排污权初始配置影响因素及相应指标,基于层次分析法(简称AHP)确定指标权重,建立了流域初始排污权配置模型。程声通(2010)[181]通过分析影响流域初始排污权配置的影响因素,构建流域排污总量在各区域之间配置的AHP决策指标体系。陈丽丽(2011)[182]以行政单元作为排污权初始分配主体,以开展环境现状、经济发展状况、社会公平、科学技术水平等为影响因素,分析设计排污权配置指标,并利用AHP法构建流域初始排污权配置模型,应用该模型将太湖流域内水污染物控制指标总量COD、NH_3-H、TP,配置给流域内江苏、浙江、上海3个行政区域。仇蕾(2014)等[183]基于网络分析法与熵权法得出综合权重,兼顾效率和公平,基于AHP法确定淮河流域排污权初始分配方案。

4) 混合配置方法。刘钢、王慧敏等(2012)[17]针对太湖流域工业初始排污权配置中存在的问题,结合我国实施最严格水资源管理制度的基本国情,从多利益相关者合作的角度,构建一种政策型政府主体监管、经营型政府主体主导、多利益相关者参与、流域工业初始排污权政府限额定价合作配置体系。王洁方(2014)[109]提出了总量控制下流域初始排污权的竞争性混合配置方法:一部分排污权按现状排污比例进行配置,另一部分通过基于总量控制的初始排污权竞争性决策模型进行配置,该模型在模拟"排污方"在排污管理者总体控制下,以"自身排污配比最大化"为目标,按竞争性配置方法进行配置。刘年磊、蒋洪强等(2014)[43]结合熵值法与改进等比例分配方法,对2015年国家水污染物COD和NH_3-N总量控制目标在省级行政单元间配置。

(4) 其他行业国内初始权配置的研究进展

其他行业国内初始权配置的研究进展主要体现如下:①CO_2初始排放权配置方法。宣晓伟和张浩(2013)[184]通过阐释碳排放权配额配置的国际经验及启示,得出配额配置方式可实现可接受性、公平性、效率性和稳定性等方面的平衡,选择和创新适合自己需要的配额配置方式。程铁军等(2017)[185]设计碳排放初始权配置指标体系,以区间数衡量省域未来不同的可能发展水平,建立基于区间投影的省域碳排放初始权配置模型,对具有典型代表的华北地区2020年碳排放初始权分配进行实证研究。②初始排污权在排污厂商之间的配置。李寿德和黄桐城(2003)[82]基于经济最优性原则、公平性原则和生产连续性原则,构建了一个基于初始排污权免费配置的多目标决策模型。赵文会、高岩等(2007)[186]在排污总量控制的前提下,基于效用最优性和配置公平性的配置目标,同时考虑各地经济状况、环境容量等因素的约束，构建初始排污权在排污厂商之间配置的极大极小模型，并提出模型最优策略解存在的KKT条件。王洁方（2017）[187]将减排压力分解为由总量削减而导致的"总量减排压力"和由配置结构变化所导致的"结构减排压力"，按照单调性、平稳性、总量控制等原则，构造过渡期内初始排污权配置的时间序列函数。

1.4.5 国内外研究发展动态评述

广大学者虽然基于不同视角开展研究，但学者们在追求初始水权配置方法能够提高水权配置结果的科学性和有效性方面是不谋而合的。从水权配置方法的发展趋势看，已逐步实现从基于比较单一配置原则的配置方法→基于较为综合配置原则的配置方法→基于配置原则与配置模型相结合的配置方法→在配置模型中嵌入协商、平衡、交互、研讨等蕴含耦合思想的配置方法等方向发展。这些研究成果为开展本文研究奠定了良好的基础。在现有的借鉴耦合思想进行初始水权配置方法的研究中，建立的大多是相对比较宏观的配置理念、配置思想或配置框架，这些理念或思想在初始水权配置实践中起到了良好的指导和引导作用。但从有关流域内各省区间初始水权配置方法研究的理论深度分析：

（1）在最严格水资源管理制度和双控行动的约束下，流域内各省区间初始水权（水量权）配置尚存在两点不足：①学者们主要通过建立兼顾公平性与效率性要素的综合模型来刻画不同因素对配水量的贡献，典型的成果有混合配置模式[90, 91, 151, 188-190]以及多目标优化配置模式等[144, 191-198]，但将用水效率控制分情景嵌入到目标函数中的配置模型尚不多见；②受原则量化和高维优化求解困难的限制，综合度量不确定性条件下省区差异的初始水量权差别化配置研究较少。太湖流域初始水量权配置也存在这两点不足之处。

（2）在将流域内初始排污权配置到各个省区的研究方面，学者们主要是以配置结果实现经济最优性、公平性等为目标，考虑各省区的政策、水环境容量等条件的约束，构建单目标或多目标配置模型或多指标决策模型；在流域内各省区将排污权配置到排污企业的研究方面，学者们的研究由免费配置方法体系向拍卖或定价配置方法体系转换；但将不确定性方法应用于初始排污权配置，解决流域入河湖主控污染物在流域内各省区间配置的研究较少。

（3）有关水资源数量、水资源质量和用水效率相结合的研究，仅见部分成果在配置指标中引入水质型和效率型指标[14, 15, 171, 199-201]，或是水量与水质相结合的模型[7, 168, 170, 174, 202-204]，鲜见兼顾用水效率多情景约束、减排情形和不确定影响，将水质影响耦合叠加到水量配置的研究。但是，客观事实的存在使得在初始水权配置中,统一考虑水量、水质和效率则更具合理性和必要性。

（4）尚未有以太湖流域为例,开展将水资源数量、水资源质量和用水效率相结合的,流域初始水权配置方案设计研究。

Milly 和 Julio 等（2008）[205]在《Science》发表论文"Stationarity is Dead：Whither Water Management（稳定在消亡：水管理走向何处）?"指出：水资源管理的成功之路在于适应性管理。近十年有关水权配置方法的研究,正是在不断适应水权管理面临的新形势,目的是使水权配置方法能够充分体现流域的社会经济特点和水资源的基本特征。我国水资源管理模式已逐步从单纯解决人水矛盾转化为综合协调人水矛盾、人人矛盾。面向实行最严格的水资源管理制度和双控行动的要求,协调人水矛盾、人人矛盾的关键是准确处理好用水总量控制、用水质量控制、用水效率控制等,流域内各省区间初始水权配置必须尽快适应这一要求。

在现有初始水权配置方法的研究中,虽有部分成果引入了类似于耦合的配置思想,但一方面尚缺乏对水量、水质、效率等核心要素的综合考虑,另一方面尚缺乏对初始水权配置过程中动态性、非线性、不确定性等变化特征的客观揭示。因此,在基于流域内各省区间初始水权配置客观要求下,面向最严格水资源管理制度和双控行动约束,探讨实现流域初始水权量质耦合配置方法显得十分必要,这将是提高太湖流域初始水权配置方法适应性的重要途径。

1.5 研究框架与研究方法

1.5.1 研究构思

结合对国内外流域初始水权配置相关研究进展的系统梳理及其评析,在提出相关概念及剖析其内涵的基础上,界定了流域内各省区间初始水权量质耦合配置的对象及主体、指导思想、配置原则和配置模式,梳理出支撑耦合配置模型构建的理论技术要点及其对本文的借鉴意义,构筑逐步寻优的三阶段流域内各省区间初始水权量质耦合配置框架如下：①流域内各省区间初始水量权配置。基于用水总量控制要求,构建用水效率多情景约束下流域初始水量权差别化配置模型,确定不同用水效率控制约束情景下的流域初始水量权配置方案；②流域内各省区间初始排污权配置。构建基于纳污控制的流域初始排污权 ITSP 配置模型,分类确定不同减排情形下的省流域初始排污权配置方案；③流域内各省区间初始水权量质耦合配置。从政府强互惠的角度入手,将水质影响耦合叠加到水量分配,根据"奖优罚劣"原则,构建基于 GSR 理论的量质耦合配置模型,确定不同约束情景和减排情形下的流域初始水权量质耦合配置推荐方案。同时,分阶段以太湖流域为例进行实证分析,并提出促进太湖流域初始水权配置工作顺利开展的政策建议。

1.5.2 研究内容

结合国内外流域初始水权配置相关研究进展的系统梳理结论,在提出相关概念及剖析其内涵的基础上,以用水总量控制、用水效率控制和纳污总量控制为基准,构建流域初始水权量质耦合配置方法与理论体系,以太湖流域为例,形成规模适度、结构合理的流域初始水权有效配置方案,以缓解太湖流域的水资源问题,实现水资源的优化配置和高效利用,推进最严格水资源管理制度和双控行动的落实。具体研究内容包括以下三个部分:

第一部分(第1、2、3、4章):基础分析篇。第1章概述。主要介绍本书的研究背景和研究意义,界定本书的研究范围:流域初始水权量质耦合配置模型及在太湖流域的应用;对已有研究成果进行全面梳理和动态评述,提出现有流域内各省区间初始水权配置中存在的问题,指出本书的研究方向;在此基础上提出本书的研究框架,包括研究构思、研究内容、拟采用的研究方法和技术路线。第2章太湖流域初始水权量质耦合配置的理论基础。明晰了太湖流域初始水权量质耦合配置的配置目标、指导思想、配置模式;并在此基础上指出三阶段太湖流域初始水权量质耦合配置模型构建的理论技术要点及其对本文的借鉴意义。第3章国内外典型流域初始水权配置实践。介绍了国内外典型流域初始水权配置的实践经验及对本文的借鉴意义,包括国内北方的典型流域如黄河流域、大凌河流域、黑河流域以及塔里木河流域,国内南方典型流域如晋江流域和北江流域。这些实践经验为本书研究太湖流域初始水权配置提供了重要的借鉴意义。第4章太湖流域水资源利用现状。介绍了太湖流域的自然、社会经济、水资源数量与质量概况,分析了太湖流域开展省区初始水权量质耦合配置的驱动因素。

第二部分(第5、6、7章),方案设计篇。太湖流域初始水权量质耦合配置方案设计分为逐步寻优的三阶段:第5章,太湖流域初始水量权差别化配置方案设计。基于用水总量控制要求,从公平性的角度出发,设计流域内各省区间初始水量权差别化配置指标体系,以区间数描述不确定信息,设置及描述用水效率控制约束情景,构建用水效率多情景约束下流域初始水量权差别化配置模型,分情景确定太湖流域内各省区初始水量权配置方案。第6章,太湖流域初始排污权(水质)配置方案设计。利用ITSP方法在有效地处理多阶段、多种需求水平和多种选择条件下以概率形式表示不确定性的优势,以经济效益最优为目标,以配置结果能够体现社会效益、生态环境效益和社会经济发展连续性为约束条件,构建基于纳污控制的省区初始排污权 ITSP 配置模型,计算获得不同减排情形下太湖流域江苏省、浙江省和上海市的 3 个初始排污权配置方案。第 7 章,太湖流域初始水权量质耦合配置方案设计。从政府强互惠的角度入手,结合区间数理论,根据"奖优罚劣"原则,耦合叠加流域初始水量权与流域初始排污权的配置结果,构建了基于 GSR 理论的流域初始水权量质耦合配置模型,计算获得不同用水效率约束情景和减排情形下的 9 个太湖流域省区初始水权量质耦合配置方案。

第三部分(第 8 章),总结与展望篇。提出促进太湖流域省区初始水权配置工作顺利开展的政策建议。对全书内容进行总结,提出本书研究的主要结论,指出有待进一步深入研究的问题。

1.5.3 研究方法

(1) 调研分析法。将选择国内外典型流域开展文献收集或实地调研,对国内外有关省区初始水权配置理论与方法进行全面梳理,提炼典型流域初始水权配置实践过程中采用的配置指导思想、配置原则及配置模式等。

(2) 动态投影寻踪法。流域初始水量权配置是一类具有时间、配置指标和配置方案的三维动态多指标决策问题。考虑到这一动态配置过程中存在的制约关系,将投影寻踪技术用于获得流域初始水量权的配置量。

(3) 情景分析法。用水效率控制约束情景分析是实现从历史年及现状年到规划年合理过渡的新手段,本书借助情景分析法刻画不同假设条件下用水效率控制约束强弱的变化。

(4) ITSP 方法。针对流域初始排污权配置具有多阶段性、复杂性及不确定性的特点,利用 ITSP 方法在有效地处理多阶段、多种需求水平和多种选择条件下以概率形式表示不确定性的优势,构建流域内各省区间初始排污权配置 ITSP 模型。

(5) 耦合分析方法。基于"耦合"的视角开展研究,以 GSR 理论为基础,嵌入用水效率控制约束,根据"奖优罚劣"原则,将水质影响耦合叠加到水量分配,构建基于 GSR 理论的流域初始水权量质耦合配置模型。

(6) 实证分析法。将本书提出的模型与方法应用于太湖流域进行量质耦合配置方案设计,检验模型与方法的适用性和有效性,并结合实证分析,提出实施政策建议。

1.5.4 技术路线

本书研究的技术路线,如图 1.2 所示。

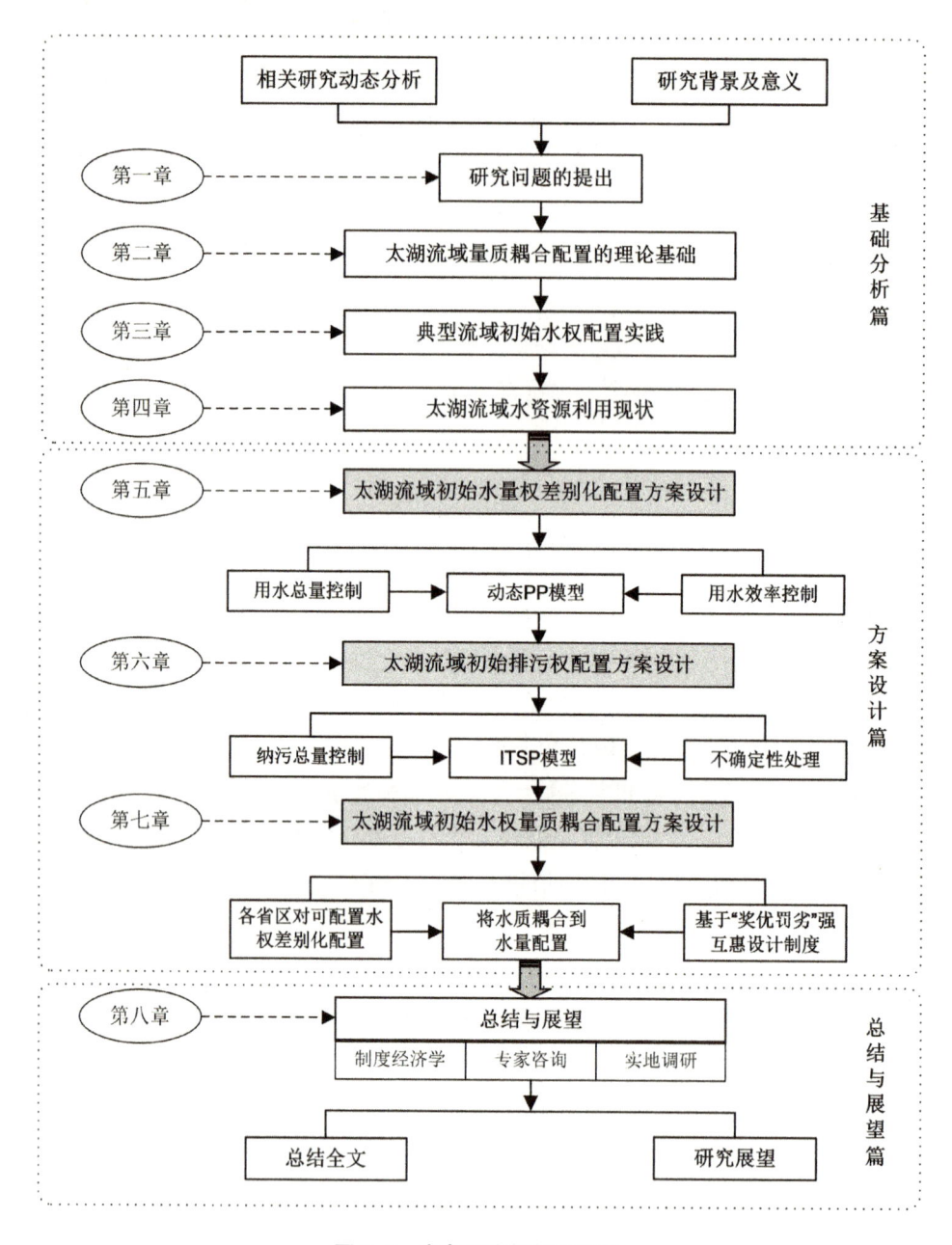

```
                ┌─────────────────────┐      ┌─────────────────────┐
                │   相关研究动态分析   │      │    研究背景及意义    │
                └──────────┬──────────┘      └──────────┬──────────┘
                           └─────────────┬──────────────┘
   ╔══════╗                    ┌─────────▼─────────┐           ╗
   ║第一章║- - - - - - - - - ->│   研究问题的提出   │           ║
   ╚══════╝                    └───────────────────┘           ║ 基
                                                               ║ 础
   ╔══════╗                ┌───────────────────────────┐       ║ 分
   ║第二章║- - - - - - - ->│ 太湖流域量质耦合配置的理论基础 │   ║ 析
   ╚══════╝                └───────────────────────────┘       ║ 篇
                                                               ║
   ╔══════╗                ┌───────────────────────────┐       ║
   ║第三章║- - - - - - - ->│    典型流域初始水权配置实践    │   ║
   ╚══════╝                └───────────────────────────┘       ║
                                                               ║
   ╔══════╗                ┌───────────────────────────┐       ║
   ║第四章║- - - - - - - ->│    太湖流域水资源利用现状     │   ║
   ╚══════╝                └───────────────────────────┘       ║
```

图 1.2　本书研究的技术路线

第 2 章
太湖流域初始水权量质耦合配置的理论基础

明晰太湖流域内各省区初始水权是保障各省区合理用水需求,实现各省区之间协同有序发展的重要手段,是落实最严格水资源管理制度和双控行动的重要途径。本章首先阐释太湖流域初始水权耦合配置的目标和指导思想,在此基础上提出太湖流域初始水权量质耦合配置的内涵;然后围绕"如何配置"问题,分析现有的流域初始水量权配置模式和初始排污权配置模式,分析其侧重点,探讨太湖流域初始水权量质耦合配置模式,提出太湖流域拟采取的配置模式。

2.1 太湖流域初始水权耦合配置的目标及指导思想

2.1.1 配置目标

太湖流域初始水权量质耦合配置方案设计,力求达到如下目标:

(1) 有利于提高效率,促进公平

在太湖流域开展初始水量权配置阶段,在配置指标设计时,充分尊重区域发展差异,同时保障生活、生态初始水量权,有利于提高初始水量权配置的效率,保障基本民生用水和生态用水公平,体现水权的社会属性,促进公平。在太湖流域开展初始排污权配置阶段,考虑政策的连续性和可接受性,尊重各省区的历史排污习惯和现状排污情况,给经济发展以足够的环境空间,以保证各省区社会经济发展具有连续性,在提高效率的同时促进公平。在太湖流域开展量质耦合配置阶段,坚持中央政府或流域管理机构在配置中处于主导地位,以保障配置结果的公平性和可操作性,同时,对超标排污的"劣省区"采取水量折减惩罚手段,对未超标排污的"优省区"施予水量奖励安排,提高配置效率。

(2)嵌入用水效率控制,实现用水总量和入湖排污总量耦合控制

太湖流域初始水权量质耦合配置分三阶段完成,在太湖流域开展初始水量权配置阶段,引入用水效率控制情景,将用水效率控制嵌入到初始水量权的配置过程中,开展基于用水总量控制的太湖流域初始水量权配置方案设计。在太湖流域开展初始排污权配置阶段,基于入湖排污总量控制约束,设计太湖流域初始排污权配置方案。在太湖流域开展量质耦合配置阶段,引入"奖优罚劣"的制度安排,将水质耦合到水量的配置过程中,实现基于用水总量控制和入河湖排污总量控制的初始水权配置,嵌入用水效率控制,量质耦合获得太湖流域内不同区域的初始水权配置方案。

(3)改善水质,避免水权争议

在太湖流域量质耦合配置方案的设计中,省区 Agent 的水资源开发利用差异性影响政府 Agent 的强互惠制度设计,将水质影响耦合叠加到水量分配,在设计中充分反映政府的强互惠地位,可以快速、准确的达成协商结果,减少协商争端。同时,在初始水量权和排污权配置过程中,已充分考虑区域经济发展的连续性,易于推广和落实。政府 Agent 在设计水量折减惩罚手段和水量奖励强互惠措施时,保证政府 Agent 在水权配置过程中处于强互惠主导地位的前提下,应体现省区 Agent 参与民主协商的原则,以反映各省区的用水意愿和主张,实现民主参与,提高水权配置结果的可操作性与满意度。

2.1.2 配置指导思想

太湖流域初始水权耦合配置三阶段的指导思想是:深入贯彻中央决策部署和水利部、生态环境部的工作要求,结合太湖流域的水资源规划及相关工作要求,坚持人与水环境和谐共生,以"三条红线"为控制基准,实行水资源消耗总量和强度双控行动,推动太湖流域在全国率先建成科学规范的水资源量质耦合配置体系。在初始水量权的配置过程中,强化水资源承载能力刚性约束,做好水资源消耗总量和消耗强度控制,全面推进太湖流域节水型社会建设;在初始排污权的配置过程中,严格限制入河湖排污总量,促进太湖流域水环境综合整治,为污染物消减计划的确定提供决策参考,全面推进太湖流域水生态环境改善;在太湖流域初始水权量质耦合配置过程中,将水质影响耦合叠加到水量配置,形成量质耦合的太湖流域初始水权配置方案,形成科学规范的水资源配置体系,为太湖流域经济社会的绿色发展提供水资源支撑服务。

2.2 太湖流域初始水权耦合配置模式的选择

2.2.1 太湖流域初始水量权配置模式的选择分析

（1）水量权配置模式的配置原理、模型及其侧重点分析

归纳国内外有关初始水量权配置模式的理论与实践分析研究[14,25,90,206-208]，现有配置模式主要分为两大类：行政配置模式和市场配置模式。行政配置模式是指以政府为主导的按照一定模式对水权进行初始配置的过程，鉴于我国交易市场的实际情况，我国主要采取的是行政配置模式；市场配置模式是利用市场的价格机制进行水权配置的方式。根据行政配置模式中配置因素或指标的多少，初始水量权配置模式大体上可分为两类：一是单指标配置模式，如人口配置模式、面积配置模式、产值配置模式、现状配置模式等[207]；二是多指标混合配置模式；其作用原理、模型及其侧重点分析，如表2.1所示。

表2.1 两类水量权配置模式的配置原理、模型及其侧重点分析

模式		原理	模型	侧重点
单指标配置模式	人口配置模式	按照各省区人口数目占流域总人口数目的比例确定水量权配置比例。	设 P_i 表示省区 i 的人口数目，P,m 分别为流域所辖省区人口、省区总数，则省区 i 的初始水量权 W_i 为：$W_i=(P_i/P)\times W_0$，$i=1,2,\cdots,m$。	侧重于保障流域内各省区均享有同等的用水权，体现了水量权配置的公平性。
	面积配置模式	按照各省区面积占水源地流域总面积的比例确定水量权配置比例。	设 A_i 表示省区 i 所辖面积，A 为流域总面积，则省区 i 的初始水量权 W_i 为：$W_i=(A_i/A)\times W_0$，$i=1,2,\cdots,m$。	侧重于保障河岸优先权，河岸权是自然存在于土地开发初期，逐步发展起来的一种水权形式，具有自然、公平、合理性特征。
	产值配置模式	按照各省区产值占流域总产值的比例确定水量权配置比例。	设 GDP_i 表示省区 i 的生产总值，GDP 为流域所辖各省区的生产总值总量，则省区 i 的初始水量权 W_i 为：$W_i=(GDP_i/GDP)\times W_0$，$i=1,2,\cdots,m$。	侧重于体现水资源配置效率，有利于提高整个流域的经济发展水平。
	现状配置模式	按照现状或历年加权平均用水量占总用水量的比例确定水量权配置比例。	设 $\widehat{W}_i$ 表示省区 i 的现状或历年加权平均用水量，$\widehat{W}$ 分别为现状或历年加权平均总用水量，则省区 i 的初始水量权 W_i 为：$W_i=(\widehat{W}_i/\widehat{W})\times W_0$，$i=1,2,\cdots,m$。	侧重于维护现状经济发展水平和用水规模，具有一定的合理性，且易于操作。

续表

模式	原理	模型	侧重点
多指标混合配置模式	比较典型的是对人口、面积、产值、现状配置模式进行加权,确定各省区初始水量权。	设 $\omega_j, j=1,2,3,4$ 表示四种配置模式的加权值,则省区 i 的初始水量权 W_i 为: $W_i = (\omega_1 \times P_i/P + \omega_2 \times A_i/A + \omega_3 \times GDP_i/GDP + \omega_4 \times \widehat{W_i/W}) \times W_0$ 关键是合理融合各个指标所蕴含的信息,常用 AHP、熵权法、专家意见法等单一或组合方法融合已知信息。	侧重于综合各个方面的因素和意见,反映决策者的谈判能力和偏好,配置结果较易被各省区所接受。

(2) 水量权配置模式的比较选择分析

从表 2.1 可以看出,在进行初始水权配置实践时,两大类配置模式的侧重点不同,不同的配置模式将产生不同的社会经济效益,同时,也会存在相应的不合理之处。对于单指标配置模式,只能强调某一方面的重要性,不能兼顾多方面的信息,具体如下:

1) 采用人口配置模式,可能导致劳动密集产业获得较多的水权,配置结果更加倾斜于以劳动力密集产业发展为主的区域,不利于技术密集产业为主的区域或行业的发展,影响区域或行业的技术改造升级,如 2012 年,太湖流域浙江省人口为 2 296.01 万人,按照人口配置模式,浙江省初始水量权占比应该为 38.82%,但是 2012 年浙江省的实际用水量仅为 51.4 亿 m^3,流域占比仅为 14.71%,配置结果显然是与太湖流域浙江省用水实际情况不相符。

2) 采用面积配置模式,没有考虑到流域面积与相应的耕地面积及其他生产要素的分布并非对应于简单的线性比例关系,配置考虑因素单一和不全面,比如太湖流域上海市的陆地部分(崇明、横沙、长兴三岛除外)面积 5 178 km^2,占 14.0%,按面积模式进行配置,太湖流域上海市的初始水量权应为 14.0%,事实上,2016 年,太湖流域上海市实际用水量仅为 99.1 亿 m^3,流域占比为 29.53%,按照面积模式配置量与流域实际用水量在流域占比相差 15.53%,对上海市用水效率和配置公平的实现都是不利的,配置结果具有一定的片面性。

3) 采用产值配置模式,配置结果可能导致农业等产值低的行业获得较少的水权量,易出现农业用水被第二产业、第三产业挤占的情况发生,引起三产发展的失衡,同时,也可能导致欠发达区域的基本民生用水得不到保障,不利于用水公平的实现。比如,2012年,太湖流域浙江省GDP为19 945.42亿元,按照产值配置模式,浙江省初始水量权占比应该为36.81%,但是2012年浙江省的实际用水量仅为51.4亿 m³,流域占比仅为14.71%,配置结果显然是与太湖流域浙江省用水实际情况不相符。

4) 采用现状配置模式,配置结果倾向于既得利益,对用水效率高的区域在某种程度上是不公平的,用水效率低的区域或行业有可能获得更多的初始水量权,不利于区域或行业节水积极性的提高,影响用水效率控制和用水强度控制工作的顺利开展,缺乏公平和正义。比如,2012年,太湖流域江苏省、浙江省、上海市的万元工业增加值用水量分别为92 m³、27 m³和90 m³,而太湖流域万元工业增加值用水量为81 m³,假设采用现状配置模式,显然不利于用水效率的提高。

因此,在太湖流域初始水量权的配置过程中,不能简单地采用单指标配置模式,须结合太湖流域内各省区的水资源禀赋、用水现状水平与经济社会发展需求,采用多指标混合配置模式。其中,不同的多指标融合方法,将会衍生出不同配置模型。

2.2.2 太湖流域初始排污权配置模式的选择分析

Hahn(1984)[130]指出在不完全竞争的市场中,初始排污权的配置结果直接影响排污权交易效率的高低,选择合适的初始排污权配置模式对排污权交易体系的构建至关重要。目前的初始排污权配置方式主要有免费配置和有偿配置两类,采用免费配置方式可供选择的配置模式分为三类:成本效率配置模式、现时经济活动量(排污、投入、产出)配置模式和非经济因子配置模式,有偿配置方式主要是公开拍卖和标价出售[82]。目前,我国尚处于水污染物初始排污权交易制度建立的初期阶段,完全采用有偿配置方式不太现实,免费配置方式相比于有偿配置方式因具有更好可操作性,而得到实务界和学术界的青睐。但免费配置也需要有一个参照基础或模式[58,85]。无论采用哪种配置方式,都要解决流域内各省区的初始配额的无偿配置问题。

于术桐和黄贤金等(2009)[58,85]提出按需配置法、排污绩效法、改进的同比例消减法、环境容量法、综合法等5种初始排污权配置模式,其中,按需配置法是在适度保护环境条件下的按需配置;环境容量法是根据各省区所辖水域的环境容量占总环境容量的比例进行配置;这两种配置模式虽简单易行,但在我国水污染问题日益凸显的情况下,不具备实施的客观条件,本文不再进行赘述。本文在此基础上,结合我国流域水污染的实际情况,阐述现时经济活动量模式(等比例削减配置模式)、非经济因子配置模式(人口、面积配置模式)、排污绩效配置模式和多因素混合配置模式,它们在侧重点和功能定位等方面各有侧重或区别。因此,有必要对这四种模式进行比较分析和系统评述,以做到合理选择并在选择中结合"纳污红线"硬性约束加以创新。

(1) 排污权配置模式的配置原理、模型及其侧重点分析

1) 等比例削减配置模式。等比例削减配置模式,又称为"改进现状配置模式",采用达标排放基础上的现状排放量进行初始排污权配置。根据省区 i 关于水污染物 d 的纳污控制总量和达标前提下的基准年 t_0 年排放总量的比例关系,确定规划年 t 省区 i 关于水污染物 d 的削减比例,省区 i 按该比例对水污染物 d 进行削减,配置模型为:

$$WP_{idt} = (1 - (WP_{idt})_0 / WP_{idt_0}) \times WP_{idt_0} \qquad (2.1)$$

其中, WP_{idt} (Water Pollutant)表示规划年 t 省区 i 关于水污染物 d 的初始排污权量,t/a(表示其数量单位为"吨(ton)/年(age)"); WP_{idt_0} 表示基准年 t_0 省区 i 关于水污染物 d 的达标排放量,t/a;$(WP_{idt})_0$ 表示规划年 t 省区 i 关于水污染物 d 的纳污控制总量,t/a。

该配置模式的侧重点是能较好地衔接现行的排污收费制度,易于被各省区所接受。但以现时达标排污量作为初始排污权免费配置的基础,实际上可能是对省区现时排污行为的一种鼓励;从另一个角度讲,这是对提倡实施清洁生产的省区的一种惩罚,不利于各省区合理调整其产业结构。

2) 非经济因子配置模式。可选择非经济因子,包括流域所辖各省区面积、人口、水环境容量等,作为省区初始排污权免费配置的基础。其中,人口配置模式和面积配置模式的配置原理、侧重点与省区初始水量权的基本相同,不再赘述。水环境容量配置模式是根据流域内各省区的水环境容量占流域总水环境容量的比例来确定省区初始排污权的配置比例,配置模型为:

$$WP_{idt} = (WEC_{idt} / \sum_{i=1}^{m} WEC_{idt}) \times (WP_{dt})_0 \qquad (2.2)$$

其中, WP_{idt} 表示规划年 t 省区 i 关于水污染物 d 的初始排污权量,t/a;WEC_{idt} (Water Environmental Capacity)表示规划年 t 省区 i 关于水污染物 d 的水环境容量,t/a;$(WP_{dt})_0$ 表示规划年 t 水污染物 d 的流域入河湖限制排污总量,t/a。

水环境容量配置模式的侧重点及功能是尊重了各省区水域的水环境容量,更加符合自然环境特征,有利于促进人水协调发展。但该配置模式没有考虑到上游

水污染对下游水质的影响,对下游来讲公平欠缺。

3) 排污绩效配置模式。传统的排污绩效是指污染物排放量与利税或者产值的比值,排污绩效法是指将排污绩效与各排污单位的基准年产值相乘得到的初始配置权量[58]。事实上,以某一年的排污绩效作为配置的重要标准难以全面考虑省区的真实利税或者产值的污染物排放强度,具有片面性。为解决该问题,借鉴相关研究成果[177, 209],给出如下排污绩效配置模式:设规划年 t 省区的经济发展指标为 $Q_{it}(WP_{it})$,可用 GDP 等经济发展指标表示,令省区 i 关于水污染物 d 的排污绩效函数用 $V_{idt}(WP_{idt})=V_{idt}(Q_{it}(WP_{it})/WP_{idt})$ 表示,对历年省区 i 的排放单位污染物的经济收益 $Q_{it}(WP_{it})/WP_{idt}$ 通过指数拟合法进行拟合,BWP_{idt} 的大小可由 $\partial V_{idt}(WP_{idt})/\partial WP_{idt}$ 中幂指数前的系数表示,则配置模型为:

$$WP_{idt} = \left(BWP_{idt} / \sum_{i=1}^{m} BWP_{idt}\right) \times (WP_{dt})_0 \tag{2.3}$$

其中,WP_{idt} 表示规划年 t 省区 i 关于水污染物 d 的初始排污权量,t/a;BWP_{idt} 表示规划年 t 省区 i 关于水污染物 d 的排污绩效,10^4 ¥/t;$(WP_{dt})_0$ 表示规划年 t 水污染物 d 的流域入河湖限制排污总量,t/a。

在该配置模式中,经济绩效指标的选取会对配置结果产生显著的影响[58],可结合省区具体情况选择 GDP、经济利税贡献、经济发展规模贡献、对劳动就业贡献等测算指标中的一种或几种。该配置模式的侧重点及功能是可淘汰高污染企业,促进省区进行产业结构调整,有利于省区经济的持续高效发展,这样才可以将可交易的排污权指标进行储存或出售,实现排污权的优化配置。但会对欠发达省区获得初始排污权的平等权益造成损害,不利于保护弱势群体,缺乏公平性。

4) 流域初始排污权配置是由水环境现状、社会经济技术发展水平、水环境资源禀赋差异等多种因素共同作用的结果,应充分考虑其产生的各种影响[85]。本文以"纳污总量控制、兼顾公平和效益、尊重区域水环境容量差异、保障社会经济发展连续性"为配置原则,对现时经济活动量配置模式、非经济因子配置模式和排污绩效配置模式的配置结果进行加权综合,构建多因素混合配置模式,确定各区域初始排污权量,其配置模型为:

$$WP_{idt} = \sum_{j=1}^{n} \omega_j \cdot WP_{ijdt} \tag{2.4}$$

其中,ω_j,$\sum_{j=1}^{n} \omega_j = 1$,$j=1,2,\cdots,n$,表示 j 种配置模式的加权值。权重确定的关键

是合理融合各个配置模式所蕴含的信息。由于 AHP[14] 以定性与定量相结合的方式融合决策者对多因素重要性的经验和判断，简单实用，尤其在处理涉及意愿、偏好等难以量化的影响因素权重确定方面，优势显著。因此，本书采用 AHP 法确定的各种配置模式的权重。

多因素混合配置模式的功能及侧重点如下：综合各个方面的因素和意见，能反映决策者的谈判能力和偏好，配置结果较易被各区域所接受。但同时也存在以下缺点或不足：改进现状配置、非经济因子配置和排污绩效配置三种模式的权重确定难度大。

（2）基于四种排污模式的太湖流域初始排污权配置

1）数据选取与处理

太湖流域是我国水资源相对丰富的地区之一，然而该流域"蓝藻病"久治不愈[210]，水质型缺水严重。为落实纳污红线控制制度，太湖流域亟须加强纳污总量控制管理，开展流域初始排污配置研究。由于 COD 和 NH_3-N 是消除河道水体黑臭的关键控制指标，TP 是控制太湖流域富营养化的关键控制指标，选取 COD、NH_3-N 和 TP 为纳污控制的关键控制指标。通过太湖流域各区域《2000—2012 年统计年鉴》《2003—2012 年太湖流域及东南诸河水资源公报》、太湖流域各区域《环境状况公报》《太湖流域水环境综合治理总体方案（2013 年）》以及实地调研等方式，得 2000—2012 年太湖流域各区域人口、面积、GDP、环境容量和主要污染物入河湖量的数据。由于太湖流域各个规划方案采用的纳污能力预测方法和基准年选取不同，导致规划年 2020 年流域主要污染物入湖控制总量存在差异。为严格落实纳污红线控制制度，选取 COD、NH_3-N 和 TP 入河湖控制总量的最小值为纳污控制总量，分别为 393 573.05 t/a、36 918 t/a 和 5 233.16 t/a。2000—2012 年流域内区域 i 的 GDP 与 COD、NH_3-N 和 TP 入河湖量的比值 $Q_i(WP_{id}^{\pm})/WP_{id}^{\pm}$，$d=1,2,3$，$i=1,2,3$，分别代表江苏省、浙江省和上海市，数值见表 2.2 所示。

运用指数拟合法对江苏省、浙江省和上海市 2000—2012 年 GDP 与 COD 入河湖量的比值 $Q_i(WP_{i1}^{\pm})/WP_{i1}^{\pm}$、GDP 与 NH_3-N 入河湖量的比值 $Q_i(WP_{i2}^{\pm})/WP_{i2}^{\pm}$、GDP 与 TP 入河湖量的比值 $Q_i(WP_{i3}^{\pm})/WP_{i3}^{\pm}$ 进行拟合，得到三个省区关于 COD、NH_3-N 和 TP 的排污绩效函数及拟合曲线，如图 2.1—图 2.10 所示。

表 2.2　2000—2012 年太湖流域各省区 GDP 与污染物控制指标入河湖量的比值

单位：万元/t

年份	江苏省 $Q_1(WP\frac{+}{11})/WP\frac{+}{11}$	江苏省 $Q_1(WP\frac{+}{12})/WP\frac{+}{12}$	江苏省 $Q_1(WP\frac{+}{13})/WP\frac{+}{13}$	浙江省 $Q_2(WP\frac{+}{21})/WP\frac{+}{21}$	浙江省 $Q_2(WP\frac{+}{22})/WP\frac{+}{22}$	浙江省 $Q_2(WP\frac{+}{23})/WP\frac{+}{23}$	上海市 $Q_3(WP\frac{+}{31})/WP\frac{+}{31}$	上海市 $Q_3(WP\frac{+}{32})/WP\frac{+}{32}$	上海市 $Q_3(WP\frac{+}{33})/WP\frac{+}{33}$
2000	85.27	714.01	5 782.38	69.89	606.82	3 617.57	201.44	2 237.09	10 475.93
2001	89.36	776.98	6 353.03	62.86	667.80	3 739.88	205.86	2 258.07	11 427.44
2002	94.95	847.45	6 856.69	67.04	702.22	3 928.74	219.11	2 416.62	13 164.34
2003	95.53	990.82	7 568.65	68.99	766.03	4 310.59	230.09	2 618.31	14 925.24
2004	102.97	1 089.50	8 738.45	66.36	781.63	4 860.81	238.43	2 717.43	16 485.03
2005	96.88	904.18	9 226.61	80.24	873.64	4 903.82	249.07	3 116.49	18 904.87
2006	129.54	1 209.78	9 696.29	74.57	804.88	5 001.65	257.61	3 106.62	17 793.80
2007	151.12	1 597.51	10 190.88	86.45	925.12	5 405.94	271.09	3 149.37	19 261.73
2008	174.26	1 872.19	11 501.47	105.68	1 013.54	5 863.79	296.05	3 302.39	20 297.96
2009	207.25	2 117.56	12 422.33	113.30	1 080.38	5 733.43	329.07	3 731.38	20 813.45
2010	291.07	2 224.61	14 257.22	119.07	1 127.41	6 785.94	380.63	4 253.13	21 863.25
2011	307.06	2 773.47	15 334.79	136.03	1 300.41	7 948.72	347.15	4 544.87	24 620.37
2012	344.60	3 125.29	17 331.32	145.90	1 284.75	8 327.70	348.47	4 721.80	25 997.51

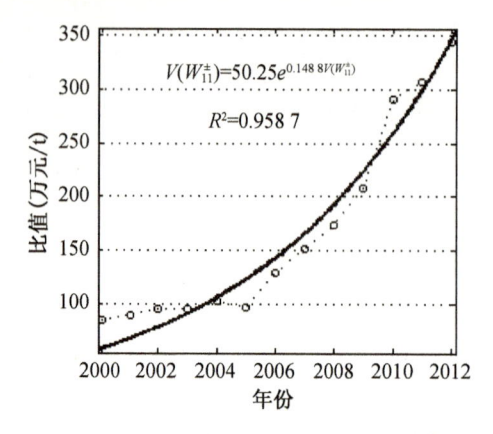

图 2.1　江苏省 COD 入河湖排放绩效函数

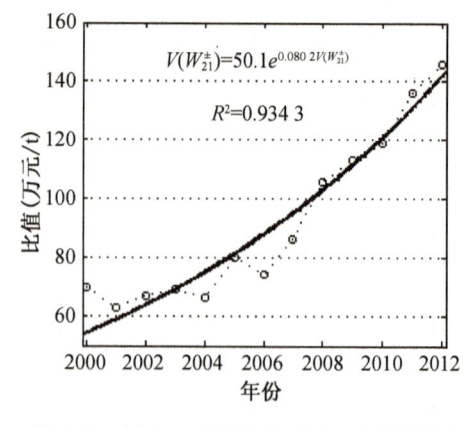

图 2.2　浙江省 COD 入河湖排放绩效函数

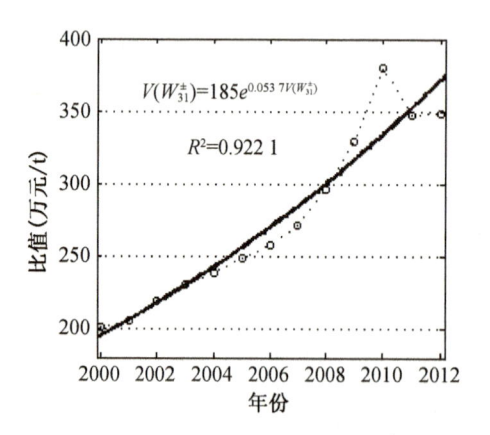

图 2.3　上海市 COD 入河湖排放绩效函数

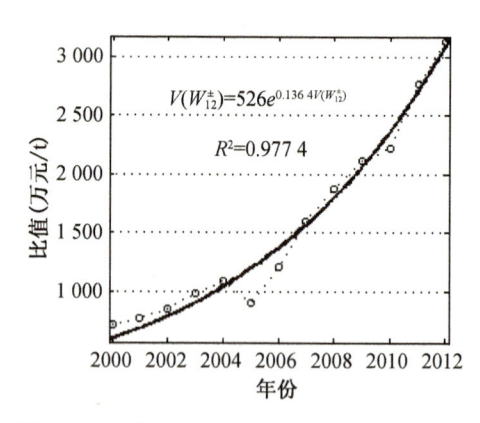

图 2.4　江苏省 NH_3-N 入河湖排放绩效函数

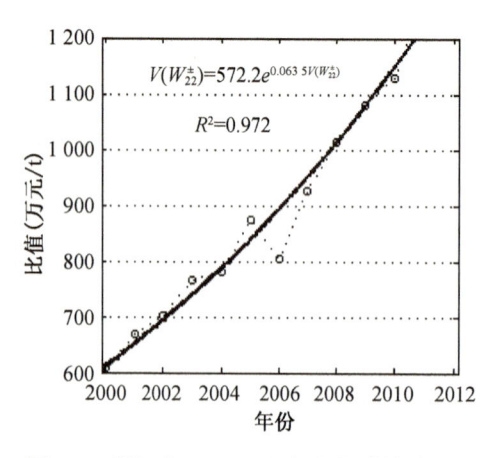

图 2.5　浙江省 NH_3-N 入河湖排放绩效函数

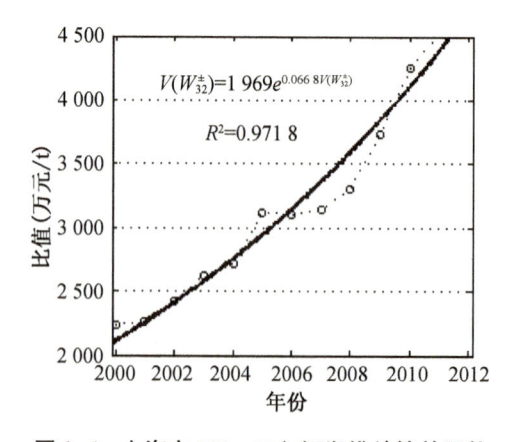

图 2.6　上海市 NH_3-N 入河湖排放绩效函数

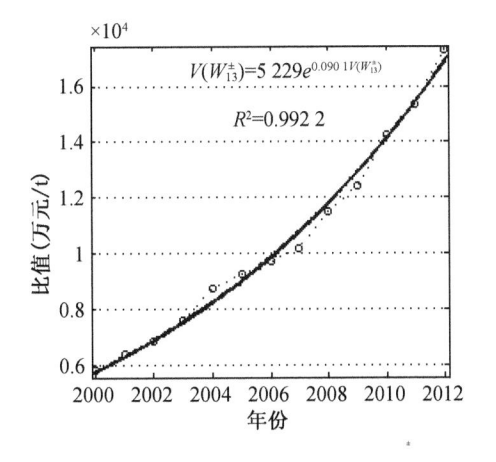

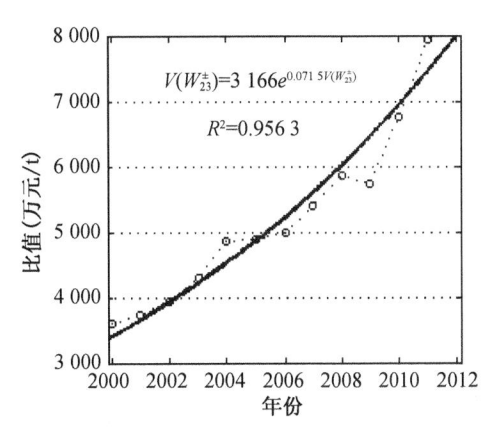

图2.7 江苏省TP入河湖排放绩效函数

图2.8 浙江省TP入河湖排放绩效函数

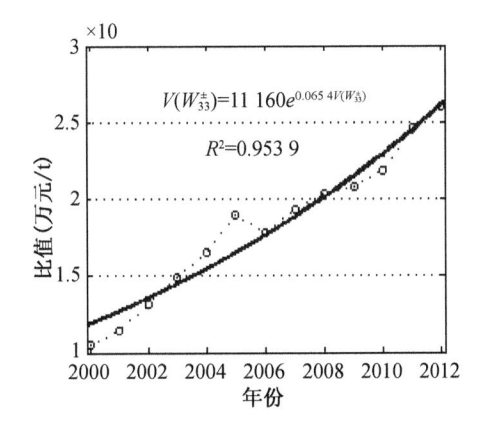

图2.9 上海市TP入河湖排放绩效函数

通过对上述9个入河湖排放绩效函数求导,可得幂指数的系数值 $BW_{ij}^{\pm} = \partial V_{id}(W_{id}^{\pm})/\partial W_{id}^{\pm}$,即

$$BW_{11}^{\pm} = 7.48; BW_{12}^{\pm} = 71.75; BW_{13}^{\pm} = 471.39; BW_{21}^{\pm} = 4.01; BW_{22}^{\pm} = 36.33$$

$$BW_{23}^{\pm} = 226.43; BW_{31}^{\pm} = 9.94; BW_{32}^{\pm} = 131.56; BW_{33}^{\pm} = 725.4$$

2) 太湖流域初始排污权的配置结果

按照现时经济活动量配置模式、人口配置模式、面积配置模式、水环境容量配置模式和排污绩效配置模式,将相关数据代入公式(2.1)、(2.2)和(2.3),依次获得规划年2020年江苏省、浙江省和上海市关于污染物COD、NH_3-N和TP的初始排污权量。利用AHP法融合决策者对现时经济活动量配置、人口配置、面积配置、水环境容量配置和排污绩效配置五种排污权配置模式重要性的经验与判断,确

定五种排污权配置模式的权重分别为 0.30、0.18、0.18、0.15 和 0.22,将相关数据代入公式(2.4),得基于多因素混合配置模式的配置方案。具体结果见表 2.3。

表 2.3 不同配置模式下的太湖流域初始排污权配置方案 (单位:t/a)

项目	行政区划	COD 排污权量	NH_3-N 排污权量	TP 排污权量
改进现状配置模式	江苏省	140 993.06	14 405.54	2 163.29
	浙江省	142 204.79	14 964.39	1 926.10
	上海市	110 375.20	7 548.07	1 143.77
人口配置模式	江苏省	145 703.05	13 667.26	1 937.35
	浙江省	105 210.38	9 868.96	1 398.93
	上海市	142 659.61	13 381.78	1 896.88
面积配置模式	江苏省	208 206.26	19 530.20	2 768.42
	浙江省	129 792.17	12 174.79	1 725.79
	上海市	55 574.62	5 213.02	738.95
水环境容量配置模式	江苏省	143 939.19	16 623.00	2 248.20
	浙江省	104 553.00	10 704.60	1 814.40
	上海市	133 463.86	9 225.05	1 108
排污绩效配置模式	江苏省	150 626.44	10 863.85	1 723.04
	浙江省	25 749.88	1 743.31	260.71
	上海市	195 403.24	20 656.42	2 710.75
多因素混合配置模式	江苏省	151 802.05	14 049.34	2 068.43
	浙江省	94 035.52	9 234.57	1 299.24
	上海市	139 236.95	12 446.42	1 689.12

3) 太湖流域初始排污权配置方案的合理性分析

通过对比分析不同配置模式下的太湖流域初始排污权的配置结果,探讨太湖流域初始排污权的合理配置模式。

根据表 2.3,绘制不同配置模式下 COD、NH_3-N 和 TP 的初始排污权配置方案。不同配置模式下,太湖流域 COD、NH_3-N 和 TP 三种水污染物的配置原理是一样的,因此本文仅以 COD 为例,对比分析不同配置模式下太湖流域江苏省、浙江省和上海市的配置结果。由图 1 可知,按照现时经济活动量配置模式,浙江省占较大优势,但难以体现经济效益;按照面积配置模式,江苏省占较大优势,上海处于劣

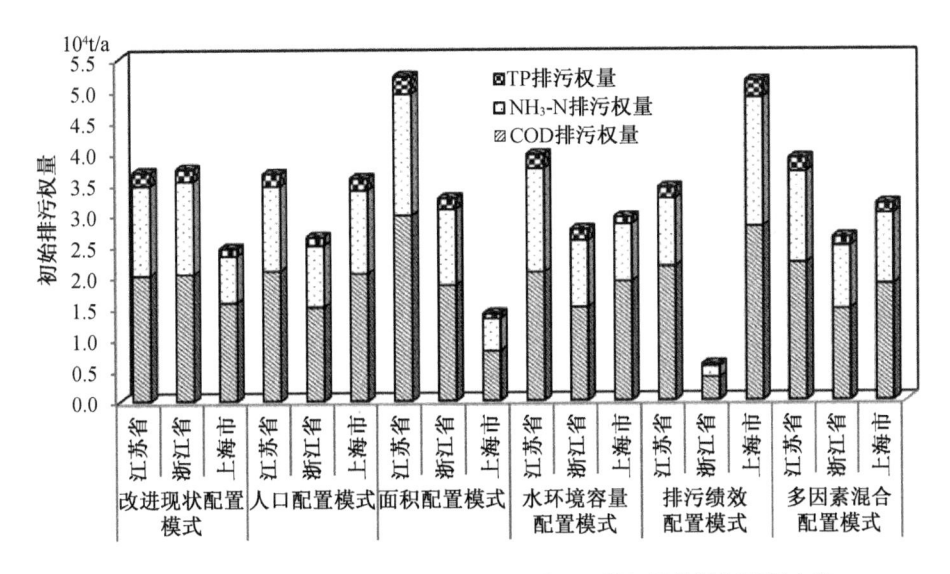

图 2.10　不同配置模式下 COD、NH_3-N 和 TP 的初始排污权配置方案

势,这与太湖流域经济产业发展布局不匹配;如果按照排污绩效配置模式,上海市占绝对优势,主要体现效率,难以兼顾公平,保障浙江基本生活用水需求和基本农业用水需求;人口配置模式与水环境容量配置模式相差不大,相比于浙江省,上海市常住人口多,略占优势,主要体现社会公平;多因素配置模式与水环境容量配置模式的配置方案比较接近,严格实施区域水环境纳污控制制度,并保持经济的持续增长,适当提高了江苏省和上海市的 COD 排污权量,致力实现经济社会发展与水环境保护双赢。综上分析,多因素混合配置模式集聚了多种配置模式的优点,配置结果合理,相比于基于区间两阶段随机规划模型的同类配置模式[7,11],数据易于搜集,简单实用,可推广性强。因此本书将多因素混合配置模式的配置结果作为太湖流域 2020 年流域初始水权的配置方案。

4) 结论与讨论

对比分析现时经济活动量配置模式、非经济因子配置模式、排污绩效配置模式和多因素混合配置模式配置侧重点及功能,结果表明:多因素混合配置模式全面考虑了历史排污达标情况、社会经济发展连续性、水环境资源禀赋差异、社会公平性、经济效益性等多种因素,兼顾公平和效率,能较好地体现"纳污总量控制、兼顾公平和效益、尊重区域水环境容量差异、保障社会经济发展连续性"的初始排污权配置原则。但合理融合各个配置模式所蕴含信息的权重确定方法的选取,是确定最终配置方案的关键,值得进一步研究。

对比分析不同配置模式下，太湖流域 COD、NH_3-N 和 TP 的初始排污权的配置方案，结果表明，多因素配置模式集聚了多种配置模式的优点，并与水环境容量配置模式的配置方案比较接近，实现流域水环境纳污总量控制的有效分解；且适度提高了江苏省和上海市的 COD、NH_3-N 和 TP 的初始排污权量，有利于促进经济的持续增长和社会公平，致力实现经济社会发展与水环境保护双赢。同时，具有操作简便、易于推广的特征。因此，本书将多因素混合配置模式的配置结果作为太湖流域 2020 年流域初始排污权的配置方案，并将该模式推广到我国 53 条跨省流域初始排污权配置工作中。

目前，流域初始排污权配置是政府主导下的水污染物免费配置模式，是政策性较强的行为。因此，在流域初始排污权配置过程中应该充分发挥政府宏观调控作用。一是建议太湖流域管理机构建立排污奖惩制度，考核结果作为区域政府领导综合考核评估的重要依据；二是建议太湖流域管理机构制定和执行严格的环境标准，两省一市要发挥市场在初始排污权配置中决定性作用，助推落后产能的限制与淘汰，进行产业结构调整；三是建议两省一市完善产业结构布局，尽快建立治污设施跨区域共享机制，更好的发挥治污设施的功能。

（3）排污权配置模式的比较选择分析

综上所述，四种基本的初始排污权配置模式各具有其侧重点、特色以及欠合理的特征。事实上，初始排污权配置是由水环境现状、社会经济技术发展水平、资源禀赋差异等多种因素共同作用的结果，应充分考虑其产生的各种影响[85]。因此，本文以"纳污总量控制、统筹经济—社会—生态环境效益原则、体现社会经济发展连续性"为配置原则，以经济效益最优为目标，以配置结果能够体现社会效益、生态环境效益和社会经济发展连续性为约束条件，构建流域内各省区初始排污权配置模型。

2.2.3　太湖流域初始水权量质耦合配置模式的选择分析

根据国内外研究动态评述结论可知，以用水总量控制、用水效率控制和纳污量控制为基准，构建将水质影响耦合叠加到水量分配的耦合配置模式，并探索如何兼顾用水效率多情景约束、配置指标优劣和不确定影响的研究成果较少。因此，如何合理选择和量化需解决的配置核心问题、配置思想、配置原则及其约束条件，构建合理的太湖流域初始水权量质耦合配置模式是一个重要研究命题，同时，也是本书研究的重要内容，将在后面章节进行详细阐述。

2.3 太湖流域初始水权量质耦合配置模型构建的理论分析

在解决"为什么配置"、"配置什么"的问题之后,构建"怎么配置"的配置模型是省区初始水权量质耦合配置理论框架的核心,也是本节研究的重要内容。结合太湖流域初始水权量质耦合配置的逐步寻优过程,分三个部分阐述量质耦合配置模型构建的支撑理论:①太湖流域初始水量权配置模型构建的支撑理论;②太湖流域初始排污权配置模型构建的支撑理论;③太湖流域初始水权量质耦合配置构建的支撑理论。具体内容如下:

2.3.1 太湖流域初始水量权配置模型构建的支撑理论

(1) 情景分析理论

情景分析理论的功能是能够为决策者能提供思想上的模拟与演练,使决策者和管理者对未来可能发生的结果事先做好准备,以采取积极有效的干预行动,保证事件按预期或希望的方向发展。在系统梳理 Gilbert、Fink、Schoemaker 和 Stanford Research Institute 等所提出的情景分析步骤的基础上,提出情景分析法的基本操作步骤为:①确定情景主题;②识别影响因素;③分析驱动力量;④识别关键不确定因素;⑤发展和设置合理情景;⑥描绘和分析情景[211]。

受流域节水技术发展水平、水资源供需平衡关系、经济社会发展水平、水资源管理政策等多种因素的影响与制约,太湖流域规划年 2020 年用水效率控制约束情形的描述具有不确定性的特点,而情景分析理论主要是通过识别不确定影响因素、识别关键驱动力量和描绘未来的可能性,帮助决策者和管理者采取有效措施来积极应对未来。利用情景分析理论描述太湖流域规划年 2020 年用水效率控制约束事件,可从以下三个方面为太湖流域管理者和决策者提供有益借鉴:

(1) 太湖流域管理者和决策者可利用情景分析,在合理选择用水效率约束指标的基础上,通过量化用水效率约束指标,描述 2020 年不同的用水效率控制约束强度,以此提高管理者和决策者对不确定信息的发掘和控制,帮助管理者和决策者克服内在的感知迟钝,减少认知偏差,提高决策效率。

(2) 情景分析可为太湖流域管理者和决策者描述规划年 2020 年的发展趋势,并通过用水效率约束选择的结果分析,选择合适的情景进行太湖流域各省区的水量权配置,由此可人为地缩短反馈延迟,加快配置主体组织学习的进度,提高配置的适应性。

（3）情景分析法能有效地处理太湖流域管理机构与参与民主协商者各方对于用水效率控制约束主观意识高度一致与高度分歧两种情况，避免决策群体思想的分歧，有利于提高决策的效率。鉴于情景分析法在识别、描述、应对规划年2020年发展过程和结果的不确定性因素方面的优势，有必要对其进行深入研究，寻求适宜于描述规划年2020年用水效率控制约束情景的具体应用，并将其应用到太湖流域初始水量权的配置过程中，提高配置效率和适应性。

（2）区间数理论

区间数理论的理论要点就是用极值统计理论，以区间数描述不确定现象或事物的本质和特征，以便更好地综合所获得的信息[211][213][214]。区间数理论作为一种对研究不确定问题具有实用性和交叉性的研究方法，对本书研究的借鉴意义体现在以下两个方面：

（1）从客观上讲，由于描述太湖流域规划年2020年用水效率控制约束情景的指标属性值，是关于规划年2020年的预测值，受未来各种不确定性因素影响，控制约束指标预测具有复杂性，这将导致决策指标的属性值用一个确定数来表示具有一定的偏差，因此，本书引入区间数来减少由于测量、计算所带来的数据误差及信息不完全对计算结果带来的不确定性影响。

（2）从主观上讲，以区间数的形式给出太湖流域的配置结果，可为太湖流域管理当局的初始水量权配置决策，提供更为准确的决策空间。同时，太湖流域初始排污权配置过程受水生态条件、经济社会发展水平、气候条件、区域政策等各种因素的影响，具有技术复杂性和政治敏感性，其中包含多种不确定因素，为了表示这种不确定性，也需要结合区间数理论开展研究，为太湖流域管理者提供更为准确的决策空间。

（3）投影寻踪技术（简称"PP技术"）

投影寻踪的目的是通过高维数据在低维空间中的直观表现，揭示决策者感兴趣的分布结构。寻踪方法主要包括人工寻踪和自动寻踪，自动寻踪因其良好性态而应用较广。Friedman和Tukey指出，投影寻踪方法能否成功取决于用于描述感兴趣结构的"投影指标（Projection Index）"的选择[215]。常用的投影指标包括两类：一是密度型投影指标，包括Friedman—Tukey投影指标、Shannon一阶熵投影指标、Friedman投影指标等；二是非密度型投影指标，包括Jones距投影指标和线性判别（Linear Discriminent Analysis）分析投影指标[216]。

太湖流域初始水量权配置需要综合考虑水资源禀赋、经济社会发展水平、生态环境质量、国家及流域的水资源管理政策等各方面的因素,是一个多指标(高维)混合配置过程。投影寻踪技术是处理多维变量的一种有效统计方法,与其他传统方法相比,具有如下可借鉴的优势:

(1) 投影寻踪技术能成功地克服"维数祸根①"所带来的困难,而太湖流域初始水量权的配置是一个多指标混合的高维数据处理问题,可利用投影寻踪技术予以降维处理解决。

(2) 投影寻踪技术在数据处理上对数据结构或特征无任何条件限制,具有直接审视数据的优点[217],可以干扰和减缓与数据结构无关的指标对配置结果的影响。同时,投影寻踪技术与 AHP 方法、多层次半结构性多目标模糊优选法、接近理想解的排序方法(简称 TOPSIS 法)等方法相比,它可以克服已有方法中确定时间与指标权重的困难,减少因权重确定问题给太湖流域初始水量权带来的不利影响。

(4) 遗传算法技术

遗传算法(Genetic Algorithm,GA)技术是由美国的 Holland 教授及其学生受到生物模拟技术的启发,而创造的一种基于生物遗传和进化机制的启发式全局搜索和概率优化方法,具有高效、并行、鲁棒性等特点,且对目标函数具有无可微性要求,遗传算法可以处理复杂的目标函数和约束条件[218]。GA 遗传算法技术(简称 GA 技术)是人类自然演化过程的、模拟自然界生物进化过程与机制的,用于求解极值问题的一类自组织、自适应人工智能技术。Goldberg(1989)[219]提出的标准遗传算法(Simple Genetic Algorithms,SGA)具有其特点和优点,且操作过程简单,至今仍是国内外 GA 技术应用的基础。

与传统的优化算法相比,采用随机优化技术的 GA 技术,能够以较大的概率求得全局最优解,在处理具有非线性、多目标、复杂不可微的目标函数和约束条件的优化问题时优势独特。而利用 GA 技术构建的目标函数具有非线性、非正态特征,且约束条件复杂,本文以 GA 技术为基础,利用对其改进的智能优化技术,实现太湖流域初始水量权配置模型的优化计算。

2.3.2 太湖流域初始排污权配置模型构建的支撑理论

在系统评述国内外初始排污权配置相关研究进展的基础上,结合太湖流域初

---

① 维数祸根(Curse of dimensionality),Bellman 在 1961 年指出,当描述的数学空间维度增加时,体积指数也会随之增加,计算量也迅速增大。

始排污权配置模式的选择性分析结论,发现太湖流域初始排污权配置与初始水量权配置相比,虽然都是对资源环境的配置,但也存在不同之处,如太湖流域初始水量权配置仅是对单一资源——水量权的配置,通过设计影响水量权配置的指标体系,并构建一个融合多指标的混合配置模型即可;而太湖流域初始排污权的配置对象是对关键控制指标 COD、NH_3-N 和 TP 入河湖限制排污总量,污染物在水体中净化机理不同,使得设计一套共用的配置指标体系,实现 3 种污染物入河湖限制排污总量在太湖流域省区间进行有效配置变得不切实际。3 种污染物入河湖限制排污总量被产权界定后产生的多重复杂属性,导致太湖流域初始排污权配置问题具有复杂性特征[219]。

排污权权益配置和减排负担配置是太湖流域内各省区间初始排污权配置的两个方面,具有多阶段性;且决策者很难对规划年 2020 年的减排责任做出精确的判断,包含很多的不确定性。因此,太湖流域初始排污权配置过程中存在的复杂性、多阶段性和不确定性。两阶段随机规划理论在处理复杂性和多阶段性问题中的优势,引入区间数和期望数表示配置系统中的不确定性,可较好地处理太湖流域初始排污权配置问题,其中,支撑理论主要包括:两阶段随机规划理论和区间两阶段随机规划理论。

(1) 两阶段随机规划理论

两阶段随机规划理论(Two-Stage Stochastic Programming,TSP)是一种处理模型右侧决策参数具有已知概率分布函数(Probability Distribution Functions,PDFs)的不确定性问题的有效方法,它能够对期望的情景进行有效分析。Birge 和 Louveaux(1988,1997)[221, 222]指出 TSP 过程包括两个阶段,第一个阶段决策是在随机事件发生之前,第二阶段的决策是在随机事件发生之后,面对随机事件所引起的问题进行追索补偿,进而减少不可行事件对决策结果的影响(Minimize Penalties)。

TSP 理论能够有效地处理目标函数和约束条件中存在的多重不确定性问题。省区初始排污权配置过程涉及水生态条件、气候条件、区域政策等因素,具有技术复杂性和政治敏感性,其中包含很多不确定因素。同时,由于太湖流域纳污控制的关键控制污染物指标为 COD、NH_3-N 和 TP,3 个指标在水体净化的过程中具有关联性,太湖流域初始排污权的配置,不能采用一套指标体系的混合配置配置模式,仅核定规划年 2020 年水污染物 COD 的流域入河湖限制排污总量就具有较多的不确定性,以追求排污权经济效益最大化的目标函数、体现社会效益、生态环境效益和社会经济发展连续性的约束条件都存在不确定问题。

(2) 区间两阶段随机规划理论

事实上,在许多实际问题中,表示信息质量的参数往往是不服从概率分布的,这是 TSP 模型的极大的挑战。同时,这也是区间两阶段随机规划(Inexact Two-Stage Stochastic Programming, ITSP)理论提出的客观要求。为了更好地量化不以概率分布形式表现的不确定性信息以及由此引起的经济惩罚,Huang 和 Loucks (2000)[223]提出 ITSP 理论,其理论要点是将区间参数规划(Interval-parameter Programming, IPP)和 TSP 两种方法整合在同一个优化体系中,不仅可以处理以概率分布和区间形式表示的不确定性信息,还可以分析违反不同水资源管理政策所受到的不同级别的经济处罚情景。面对太湖流域规划年 2020 年来水量(Annual Inflow, AI)、历年入河湖污染物排放量(Water Pollutant Emissions into the Lakes, WPEL)、减排政策情景(Policy Scenarios)、技术革新等不确定条件的改变,ITSP 可为决策者提供一个有效的决策区间,帮助决策者识别、应对复杂水环境管理系统中的不确定变化,并制定有效的可供太湖流域管理机构做出适应性选择的初始排污权配置方案[224]。

ITSP 理论对于解决太湖流域初始排污权配置问题具有较强的实用性。太湖流域初始排污权配置既是一种利益或权益可能性配置过程,也是一种负担(减排责任)配置过程,利益和负担配置构成初始排污权配置的两个方面。规划年 2020 年某区域对污染物的期望减排量是一个期望值,其数值因受到太湖流域来水量水平、历年入河湖污染物排放量、相关政策颁布实施等因素的影响,而具有技术复杂性和政治敏感性,包含很多不确定因素,难以用一个确定值表示。因此,可将太湖流域初始排污权配置问题归结为一个需要表示为区间、随机期望变量问题。

2.3.3 太湖流域初始水权量质耦合配置模型构建的支撑理论

太湖流域初始水权量质耦合配置模型构建的支撑理论主要包括:政府强互惠理论和流域二维水权配置理论。

(1) 政府强互惠理论

20 世纪 80 年代,Santa Fe Institute 的经济学家们将愿意出面惩罚不合作个体,以保证社群有效治理的群体成员为"强互惠者"(Strong Reciprocator)。强互惠者强调合作的对等性,积极惩罚不合作个体,哪怕自己付出高昂的代价[225]。Santa Fe Institute 的经济学家 Gintis 于 2000 年在期刊"Journal of Theoretical Biology"上发表的论文《Strong Reciprocity and human sociality》中,正式提出"强互惠"的概念,并指出强互惠者积极惩罚卸责者所表现的强硬作风使合作得以维系[225]。

Santa Fe Institute 的经济学家们认为一个群体中只要存在一小部分的强互惠主义者,就足以保持群体内大部分是利己的和小部分是利他的两种策略的演化均衡稳定(Evolutionary Stable Equilibrium)。在 Santa Fe Institute 的经济学家们研究的基础上,王覃刚(2007)[227]将自愿者性质的强互惠扩展到职业化层面,称经过强互惠锻炼的固定身份的职业化强互惠为"政府强互惠"(Governmental Strong Reciprocator, GSR),提出在 GSR 理论要点是政府型强互惠者可通过制度的理性设计,利用合法性权力对卸责者给予有效的强制惩罚,以维持合作秩序和体现群体对共享意义的诉求。王慧敏和于荣等(2014)[228]首次将强互惠理论应用在水资源管理中,设计基于强互惠理论的漳河流域跨界水资源冲突水量协调方案。

在太湖流域初始水权量质耦合配置过程中,流域内各个省区 Agent 对共享意义(Comsign)具有利益诉求(Int_i)。其中,共享意义代表太湖流域可配置水资源量,利益诉求代表各省区的用水需求。同时,流域内各个省区也在向所属水域排放水污染物,甚至会排放超过其所应获得的排污权的水污染物,这时就需要有一个强制机构根据某种规则对其进行惩罚,而经过强互惠锻炼的政府 Agent(中央政府及其授权管理机构)就可以通过制度或规则的理性设计,对"超标排污"的省区给予"水量折减"的强制惩罚,在实施利他惩罚时体现的是代理人的身份,表达了政府 Agent 对违背规则的行为的纠正和对合作秩序的维持,体现对真正共享意义的合理性诉求。政府 Agent 的信息获取及执行能力优势可充分展现其强互惠特性,正因为强互惠者的固定存在,那些被共同认知到的对于系统有共享意义的合作规范才能被政策化,才能实现水资源的高效配置。

(2)流域二维水权配置理论

Bennett(2000)[229]提出将水质影响集成到水量分配的研究中。2001 年,钱正英[230]指出国内的水资源管理和治理工作重视"量"而忽视"质",致使水污染现象严重。王宗志、胡四一、王银堂等(2008,2010,2011,2012)[7, 53, 170, 208]从水资源量与质统一的基本属性、水资源短缺与水环境恶化并存现状等角度,论证了统筹考虑水量和水质的必要性,并提出"二维水权"的概念,通过建立"超标排污惩罚函数"及其"水量分配折减系数",把流域内区域的超标排污量反映到水量配置的折减上,实现水量与水质的统一配置,构建流域初始二维水权配置理论体系,这也是流域初始二维水权配置理论的理论要点。赵宇哲、武春友、吴丹等(2012)[168, 174]从不同的视角对该理论进行完善和发展。

水量和水质是水权的两个基本属性,水资源使用价值与价值的实现表现为水质和水量的统一,水资源供给量和水环境容量是表征水量和水质的资源实体。流域二维水权是指在流域水平上,承认水量与水质属性统一前提下的使用权与经营权,也是水量权(用水权)与排污权的统一。在太湖流域初始水权的量质耦合配置过程,如何实现水量水质的统一配置,即实现水量权与排污权的统一配置,将水质的影响耦合叠加到水量权的配置,是太湖流域初始水权量质耦合配置的核心内容。可借鉴流域初始二维水权配置理论的"水量和水质双重优化配置""对超标排污区域进行水量折减"的流域初始二维水权配置思想,实现水量和水质的耦合统一配置。

2.4 本章小结

本章明晰了太湖流域初始水权量质耦合配置的配置目标、指导思想、配置模式;并在此基础上指出三阶段太湖流域初始水权量质耦合配置模型构建的理论技术要点及其对本书的借鉴意义。主要结论如下:

(1) 明晰了太湖流域初始水权量质耦合配置目标、指导思想和配置模式。系统梳理国内外有关初始水量权和排污权配置模式的理论与实践分析,在归纳总结流域初始水量权和排污权配置模式的配置原理、模型及其侧重点分析的基础上,计算各种模式下太湖流域初始水量权和排污权的配置结果,对比分析各种配置模式下的配置结果,指出太湖流域初始水权量质耦合配置的基本模式。

(2) 梳理三阶段太湖流域初始水权量质耦合配置模型构建的理论技术要点及其对本文的借鉴意义:①太湖流域初始水量权配置模型构建阶段,梳理出情景分析理论、区间数理论、PP 技术和 GA 技术的理论技术要点,并阐述其对本文的借鉴意义;②太湖流域初始排污权配置模型构建阶段,梳理出 TSP 理论和 ITSP 理论的理论要点,并阐述其对本文的借鉴意义;③太湖流域初始水权量质耦合配置模型构建阶段,梳理出 GSR 理论和流域二维水权配置理论的理论要点,并阐述其对本书的借鉴意义。

第 3 章
典型流域初始水权配置实践

太湖流域主要流经我国南方的湿润地区,总结我国南方湿润地区初始水权配置的实践经验,对太湖流域水权配置实践具有重要借鉴意义。同时,由于我国的水资源供需矛盾最早在北方的干旱和半干旱区域凸显,水权配置实践也最早发生在北方,配置模式和经验较为成熟,如 1987 年编制的黄河正常来水年及 1997 年编制的黄河枯水年可供水量配置方案,由此可知,研究我国北方地区流域水权配置的实践经验也具有现实借鉴价值。本章总结典型流域初始水权配置的实践借鉴,主要从中国北方流域水权配置实践和中国南方流域水权配置实践两个方面进行展开。

3.1 中国北方典型流域初始水权配置实践

3.1.1 黄河流域水权配置实践

(1) 黄河流域概况

黄河流域发源于青藏高原巴颜喀拉山北麓海拔 4 500 m 的约古宗列盆地,流经青海、四川、甘肃、宁夏、内蒙古、陕西、山西、河南、山东等九个省区,注入渤海,干流河道全长 5 464 km。黄河是我国第二大河,多年年平均天然径流量 580 亿 m^3,仅占全国河川径流总量的 2%,居我国七大河流的第五位[206],缺水形势十分严峻;流域内人均水量 593 m^3,仅占全国人均水量的 25%;耕地亩均水 324 m^3,仅占全国耕地亩均水量的 17%。黄河中上游水土流失十分严重,造成下游河段严重淤积,河床每年平均抬高 10 cm 左右。黄河三门峡多年平均输沙量约 116 亿 t,平均含沙量 35 kg/m^3。由于长期泥沙淤积,目前黄河下游提防临背悬差一般在 5~6 m,悬河形势险峻,同时黄河水携带大量泥沙,淤塞河道,沙化良田,给沿线生态环境带来不利影响,甚至是不可逆破坏。加之气候变化的影响,洪水灾害频发,堪称"中国之忧患"。

2016年黄河流域废污水排放量为43.37亿t,其中,城镇居民生活废污水排放量为16.78亿t,第二产业和第三产业废污水排放量分别为21.94亿t、4.65亿t。2016年黄河流域全年评价河长22 324.5 km,其中,干流评价河长5 463.6 km,支流评价河长16 860.9 km。以单项最高水质类别作为该河段最高水质类别,评价结果表明:黄河流域年均符合Ⅰ—Ⅲ类水质标准的河长占总评价河长的65.0%;符合第Ⅳ—Ⅴ水质标准的河长占总评价河长的12.5%,劣Ⅴ类水质标准河长占总评价河长的22.5%。黄河流域支流年均符合Ⅰ类、Ⅱ类水质标准的河长占总评价河长的41.6%,符合第Ⅲ类水质标准的河长占12.%,符合第Ⅳ、第Ⅴ类、劣Ⅴ水质标准的河长分别占9.4%、7.2%和29.8%。2016年黄河流域监测地表水达标率51.4%,其中,达标率最高的是渔业用水,为71.4%;达标率最低的是景观娱乐用水区,为36.4%。

(2) 黄河流域配置实践概况

1949年以前,黄河流域最突出的问题是水患灾害。1949年以后,尤其是1978年以后,黄河沿岸各省份经济快速发展,水资源供需矛盾日渐凸显,水资源承载力和水环境承载力不足,如《黄河流域综合规划(2012—2030年)》指出,1995—2007年河川径流年平均消耗量约300亿m³,消耗率超过70%,已超过了黄河水资源的承载能力,生产用水大量挤占河道内生态环境用水,严重威胁河流健康。因此,黄河流域管理者当局开展水量权配置实践,具体见表3.1。

表3.1 黄河流域配置实践概况

时间	配置实践
1954年	编制《黄河流域综合利用规划》时对全河远期水资源利用进行分配,天然年径流量545亿m³,由于当时我国三产以农业为主,主要用水大户为农业,将470亿m³确定为灌溉用水。
1959年	为了有效解决黄河流域下游河南、河北、山东三省的用水矛盾问题,黄河水利委员会提出黄河流域下游枯水季水量分配的初步意见:河南、山东、河北三省水量分配占比秦厂(相当于现在的花园口)流量2:2:1。
1983年	沿河各省区向黄河水利委员会提出2000年水平的需求量,总计需水747亿m³,超过当时可供分配水量的一半以上。审议会规定,开发利用黄河水要上下游兼顾,统筹考虑,首先要保证城市生活用水和国家重点在建项目用水,其次是在搞好已有灌区的挖潜配套、节约用水、提高经济效益的基础上,适当扩大高产和缺粮区的灌溉面积。

续表

时间	配置实践
1987年	国务院批准了平水年黄河流域可供水量配置方案,经综合考虑黄河最大可能的供水能力、河道输沙及河道内生态环境用水量、大中型水利工程的调节河等主要影响因素,确定的可供水量配置方案为协调省(区)用水矛盾提供了现实依据。
1994年	黄河水利委员会颁发了《黄河取水许可实施细则》,详细规定了水使用权的获得,审批程序,监督管理及相关的法律责任和惩罚,加强了黄河水资源使用权力方面的计划统一管理。
1997年	黄河水利委员会编制了枯水年份黄河可供水量分配方案,基于"丰增枯减"原则,编制了正常来水年黄河可供水量年内分配方案,即《黄河可供水量年度分配及干流水量调度方案》。
1998年	国家发展计划委员会,水利部颁布《黄河水量调度管理办法》,确定了"按比例丰增枯减"的配水原则,对调度权限、用水申报、用水审批、用水监督等做了规定。
2009年	2009年12月编制完成的《黄河流域综合规划(2012—2030年)》,2013年获国务院批复,按照资源节约、环境友好的节水型社会建设的要求,2020年配置河道外省(区)水量332.8亿 m^3,是黄河流域开发、利用、节约、保护水资源和防治水害的重要依据。
2012年	《黄河流域(片)水资源保护规划(2012—2014年)》,规划范围为黄河流域,总面积79.5万 km^2。坚持水量、水质、水生态并重原则,以省级行政区规划、流域规划与协调、全国汇总三个层次,按照上下联动、协调平衡的方式开展规划工作,制定2020年和2030年污染物入河量分阶段控制方案,提出重点流域(区域)水资源配置方案。

目前,关于黄河流域内各省(自治区)内部不同行政区域之间的初始水权分配工作,宁夏、内蒙古两自治区的做法比较成熟。两自治区在进行初始水权分配时基本遵循了以下几项原则:

1) 需求优先原则。需求优先原则可以归纳为以下六个方面:优先满足人类生活的基本用水需求;维系生态环境需水优先;尊重历史和客观现实,现状生产需求优先;水资源生成地需求优先;在同一行政区域内先进生产力发展的用水需求优先、高效益产业需求优先;农业基本灌溉需求优先。

2) 依法逐级确定原则。根据国家所有的水资源规定,按照统一分配与分级管理相结合的方法,兼顾不同地区的各自特点和需求,由各级政府依法逐级确定。

3) 宏观指标与微观指标相结合原则。根据国务院分水指标,逐级进行分配,建立水资源宏观控制指标;根据自治区用水现状和经济社会发展水平,制定各行业和产品用水定额,促进节约用水,提高用水效率。

4) 公开、公平、公正原则。为体现"公开、公平、公正"原则,流域建立了有效的协调和协商机制。在黄河水量调度中,采取召开年度、月水量调度会议的形式,沟通情况,协调问题,商定调度预案和方案。

5) 宏观调控原则。为了缓解黄河沿线部分区域的用水压力,2002年我国启动"南水北调工程"。

(3) 黄河流域水权配置实践借鉴

1949年以前,黄河流域最突出的问题是水患灾害。1949年以后,尤其是1978年以后,黄河沿岸各省份经济快速发展,对黄河流域的需水量及排污量随之快速增加,枯水期供水不足的情况在各省份时有发生,甚至发生用水冲突事件。为了缓解用水矛盾,黄河流域流经各省份就用水问题达成协议,按照配水协议确定各省(区)的引水比例。黄河流域水资源开发利用促进了流域及相关地区经济社会发展,取得显著的经济环境成效和正外部性,最重要的是强化了水量统一调配管理制度,落实了1987年国务院颁布的黄河分水方案和2013年黄河流域综合规划(2012—2030年)的配置方案,实现了流域各省有序饮水和规范用水。

从黄河流域水权配置实践来看,黄河流域水权配置实践的配置对象从河道外用水转变为河道外用水、入海水量和入河湖控制总量。配置原则从缓解供需矛盾到坚持水量、水质、水生态并重原则;配置的主体从以流域管理当局为主,到按照上下联动、协调平衡的方式开展;配置的模式从尊重历史用水习惯,到以最严格水资源管理制度的"三条红线"为控制基准的混合配置模式。这为太湖流域量质耦合配置提供实践借鉴。

3.1.2 大凌河流域水权配置实践

(1) 大凌河流域概况

大凌河流域是辽宁省西部最大的河流,全长434 km,流域面积为23 519 km²,流经辽宁省、河北省、内蒙古自治区3个省区,主要支流有第二牤牛河、老虎山河、凉水河、牤牛河及西河。流域地形以低山丘陵为主,占流域总面积的80%,其他,占流域总面积的20%左右。流域属于温带季风气候,干燥少雨,年降水量分布不均匀,降水主要集中在6—9月份,占总降水量的78%,多年平均降水量为14.85亿 m³。[14,15]

在水资源质量方面,大凌河流域在建和已建集中污水处理厂8座,设计日处理能力32万t。其中,已投入运营集中污水处理厂位于朝阳市,日处理能力10万t,大部分城镇废污水没有进行处理,直接排入大凌河干流或支流,严重影响大凌河流域的水质安全,另外,水土流失、化肥、农药的使用、畜牧业和家庭养殖业所带来的农业面源污染严重,其中牤牛河面源污染尤其突出,汛期水体水质低于Ⅴ类水质标准。

在水资源开发利用情况方面,大凌河流域现有大型水库4座,中型水库4座,小型水库68座,塘坝380处。蓄水工程总库容23.75亿 m^3,兴利库容11.94亿 m^3,设计供水能力8.47亿 m^3。2005年实际供水量0.69亿 m^3,仅占蓄水工程设计供水能力的8.15%。流域现有地下水井16 227处,其中,深水井50处。

(2) 大凌河流域水权配置实践概况

面对日益凸显的大凌河流域水资源短缺以及用水冲突问题,2004年10月9日,水利部决定将大凌河流域初始水权分配作为水利部初始水权分配工作的试点,推进水权制度建设,提高大凌河流域的供水安全,保障经济社会可持续发展。遵照水利部的统一部署安排,根据《水法》和《水量分配暂行办法》的规定,在2004—2008年期间,水利部松辽水利委员会和辽宁省水利厅先后开展大凌河流域初始水权分配试点工作,编制并推行《大凌河流域省(自治区)际水量分配方案》,经济社会生态效果显著,形成了在全国可推广的经验。大凌河流域水权配置实践概况如下:

1) 大凌河水权配置的基本思路是"因地制宜,分类指导"。鉴于大凌河流域自然条件和经济发展水平区域差异大,须在水权配置时分别考虑,对于水资源赋存丰富,或水资源利用率低的地区,水权配置更为严格;对于水资源利用效率高的地区,水权配置较为宽松,同时在配置的过程中,也需要考虑水质因素和行政区划问题。

2) 水权分配原则。水利部松辽水利委员会结合大凌河流域的具体情况,在编制水权配置方案时,采用配置原则有:水资源统一分配原则;公平、公正、公开原则;水资源现状利用和发展需水统筹考虑原则;政府宏观调控、民主协商原则;以供定需为主原则;总量控制与定额管理相结合原则;分级确认原则;遵从生活、生态、生产用水的序位规则。

3) 协商调整事项。2006年4月,水利部松辽水利委员会在编制完成,大凌河流域省(自治区)际水量分配方案征求意见稿后,多次征求各省(自治区)意见,采纳合理建议协商调整相关内容。经过多次协商调整,在各省(自治区)充分理解并普遍接受分配方案后,国务院授权水利部发文批复大凌河流域初始水权分配方案,各省(自治区)必须遵照执行水利部批复的方案。

4) 水权配置方案实施的配套措施。以取水许可制度为依据,强化总量控制和定额管理。在流域内各区域间的配水层面,引入排污惩罚配置机制,提高水环境保护的积极性;在地区内行业配水方面,引入节水激励机制,对行业用水进行分配,提高行业用水效率。

(3) 大凌河流域水权配置实践借鉴

大凌河流域的取水许可制度实施以来,松辽水利委员会和河北、辽宁、内蒙古二省一区各级水行政主管部门按照国家授权分级进行水资源权属管理的格局已初步形成,关系比例协调,沟通渠道畅通。对太湖流域量质耦合配置的实践借鉴如下:

1)"因地制宜,分类指导"的配置指导思想。综合考虑各地区的经济发展差异,因地制宜,对用水效率低的区域减少水量配置,倒逼节水,对用水效率高的区域给予适当的水量配置偏向,同时也要兼顾水质因素和行政区划问题,可为太湖流域初始水量权配置提供有益借鉴。

2)总量控制与定额管理相结合的配置原则。最严格水资源管理制度和双控行动一致强调要建立用水总量控制制度,严格控制流域用水总量,建立取水许可制度,强化总量控制和定额管理,防止水权分配落于形式。太湖流域初始水量权配置也必须要强化用水总量控制,同时结合用水定额管理。

3)排污惩罚配置机制。大凌河流域初始水权分配中,优先配置生活用水和农田基本灌溉用水,保障人民最基本的用水权力和粮食安全;引入排污惩罚机制,对剩余的可配置水量进行分配,针对水污染物排放超标的省区,扣减省区的用水量作为惩罚,同时引入节水激励机制,对各区域的行业用水进行初始配置,促进行业用水效率提高。排污惩罚机制配置机制的应用,可为太湖流域初始水权量质耦合配置提供有益借鉴[15]。

3.1.3 黑河流域水权配置实践

(1)黑河流域概况

黑河流域地处河西走廊和祁连山中段,西以黑山与疏勒河为界,东与黄山与石羊河接壤,南起祁连山分水岭,北至居延海,属内陆河流,流经青海省、甘肃省、内蒙古自治区,流域面积约 128 283.4 km²。流经区域地形复杂,地势南高北低,上中下游分别流经山地、走廊平原、阿拉善高原三种地形。黑河流域属半干旱、干旱及极端干旱区,流域多年平均年降水量 174.0 mm,年内降水量变化受东亚环流和所处特殊地形条件影响作用,如位于青藏高原东北侧,致使 10 月至次年 6 月高空盛行西风,降水量少。同时,受黑河流域上游祁连山脉强烈的地形抬升作用,山地降水量较多。流域内水资源重要来源是上游祁连山区降水、附近冰雪融水。流域多年平均地表水资源量为 37.277 亿 m³,其中,东部水系祁连山区地表水资源量 25.722 亿 m³,占流域地表水资源量总量的 69.0%;中部水系祁连山区地表水资源量 2.761 亿 m³,占比 7.4%;西部水系祁连山区地表水资源量 8.794 亿 m³,占比 23.6%[14]。

由于人口的快速增长,经济的迅速发展,走廊平原农牧业经营方式粗放所带来的开垦面积的持续扩大,导致中游走廊平原用水量不断攀升,进入下游居延海的水量相应的持续减少,水事用水矛盾突出,生态恶化问题恶化,下游额济纳旗的沙漠化问题开始凸显,演化成为我国沙尘暴的主要沙源之一。

(2) 黑河流域水权配置实践概况

为了保护黑河流域的水生态环境,水利部、流域及区域管理机构加强对黑河流域的水资源管理力度,对流域水资源进行统一调配。黑河流域结合自身的特殊水资源利用现状,开展初始水权分配实践,提高水资源利用效率,具体见表 3.3 所示。

表 3.3　黑河流域水权主要配置实践概况

时间	配置实践
1726 年	清雍正四年,年羹尧制定黑河"均水制"。
1960 年	形成一年两次的均水制度,按时间分水,规定哪段时间给哪个灌区或区域灌水。
1992 年	《黑河干流(含梨园河)水利规划报告》,提出水资源配置方案的审查意见,获水利部批复如下:近期,当莺落峡多年平均河川径流量为 15.8 亿 m^3 时,确定正义峡泄水量 9.5 亿 m^3,其中,分配给鼎新毛水量 0.9 亿 m^3,东风场毛水量 0.6 亿 m^3。远期要采取多种节水措施,提高正义峡下泄水量到 10 亿 m^3。
2000 年	黑河流域管理局接连召开了五次调水工作会议,从 8 月 21 日起连续五次成功实施"全线闭口,集中下泄",累计向下游集中调水 33 天,截至 11 月 19 日,正义峡总共泄水量 6.5 亿 m^3,达到该年度莺落峡来水 14.62 m^3 的对应分水量,完成 2000 年的分水任务,黑河流域取得水资源配置管理的历史性突破。
2001 年	投资 23.6 亿元,三年实现黑河水资源统一管理的调度目标,顺利完成分水任务。
2012 年	《黑河干流 2011—2012 年度水量调度方案》要求,水量分配与调控要全面落实最严格水资源管理制度。
2013 年	水利部批复《黑河干流 2012—2013 年度水量调度方案》,明确了该年度水量调度目标和任务。
2016 年	《水利部关于批准下达黑河干流 2015—2016 年度水量分配及关键调度期水量调度方案的通知》(水资源〔2016〕233 号)明确水量分配目标和任务。
2017 年	《黑河干流 2016—2017 年度水量调度方案》强调,要实施严格的黑河干流年度区域用水总量控制和主要断面下泄水量控制,优先满足城乡居民生活用水,合理安排农业、工业和生态环境用水。

黑河流域在开展水权配置实践的过程中,主要坚持以下配置原则。

1) 促进经济社会可持续发展原则。黑河流域水权配置客体为上游山区下泄水量,配置主体为黑河流域管理局及区域管理者。黑河流域的配置范围为黑河流域的中游和下游,其中,中游各区域取水的主要用途是农业灌溉用水,下游各区域取水的主要用途是防止水土流失的生态用水、酒泉卫星发射中心国防用水。黑河流域的水生态环境恶化所引发的沙尘暴问题,严重制约黑河流域中下游区域及周边区域的经济社会发展。因此,促进经济社会可持续发展原则是黑河流域水量分配的重要原则。

2) 提高水资源综合利用效率和调整农业结构原则。在黑河流域开展水量权配置过程中,若要保障下游的入水量,就需要采取节水技术压缩中游各区域的取水量,其中,张掖市被确定为全国第一批"节水型社会"建设试点。由于中游取水的主要用途是农业灌溉用水,所以需要在配置过程中通过用水量约束,一方面,倒逼各区域采用农业节水技术,提高灌溉利用系数,进而提高水资源利用效率;另一方面,倒逼各区域调整农业结构,减少水资源的使用量,提高农业生产与水资源环境匹配度。因此,提高水资源综合利用效率和调整农业结构原则是黑河流域水量分配的重要原则。

3) 分步实施、逐步到位的原则。从 2000 年到 2003 年为一个水权配置与调控的周期,黑河流域管理局并没有从 2000 年开始就严格压缩中游的用水权,而是坚持分步实施、逐步到位的原则,逐步降低中游各区域的用水权,促进各区域分步采用新的节水灌溉技术和种植结构调整策略,只需到 2003 年达到压缩中游用水权的目的即可。同时,在枯水期,黑河流域各区域的配水量与取水量之间允许存在±10%的偏差,如果超过这个偏差范围,黑河流域管理局和地方相关行政部门可以进行强制性的水量调控。

(3) 黑河流域水权配置实践借鉴

黑河流域的"均水制度",以"以水定地、配水到户"为主要内容的水权制度框架和运行机制,可为太湖流域量质耦合配置提供实践借鉴,具体如下:

1) 基于"限额的交易"的"均水制度"。按时间分水,规定哪段时间给哪个灌区或区域灌水,政府是主导者。太湖流域可以借鉴"均水制度",比如太湖流域在初始水量权配置过程中,发挥政府的宏观调控的强互惠作用,依据水质的不同差异,在配水量上给予不同的配置标准,将水质耦合到水量配置。

2) 以"以水定地、配水到户"为主要内容的水权制度框架和运行机制。黑河流域在水量分配的过程中,坚持用水总量控制与定额管理相结合,"以水定地、配水到户",并积极与公众协商沟通,进行共同管理,有效落实了用水总量控制,该流域根据用水总量约束制定产业布局与产业发展政策。太湖流域初始水量权配置应该考虑用水总量控制下的产业结构布局,实现"以水定产"。

3.1.4 塔里木河水权配置实践

（1）塔里木河流域概况

根据《2016年新疆维吾尔自治区水资源公报》，塔里木河干流计算面积为 31 606 km^2，年降水量为 63.2 mm，折计 19.98 亿 m^3，多年平均降水量为 13.06 亿 m^3。地表水资源特征为塔里木河干流区无地表产水量，年径流深为 0 mm，总水资源量为 0.607 4 亿 m^3，产水系数 0.03。塔里木河流域流经区域地形复杂，从上游到下游分别为高山、洪积平原、沙漠中的湖泊湿地和荒漠，塔里木河源流主要来自高山降水与冰川的积雪融水，年降水量 1 319 亿 m^3，地下水资源量为 339.9 亿 m^3，年内降水分布不均，全年径流量的 70%～80% 集中在 6—9 月，与塔里木河关系密切四源分别为阿克苏河流域、和田河、叶尔羌河、开都-孔雀河。2016 年度塔里木河流域全年期、汛期、非汛期的监测河段 1 321 km，全年各时期水质均符合或优于地表水Ⅲ类水质标准。因此，对于塔里木河流域的水权配置问题主要是关于水量的配置，形成治水兴水合力，筑牢生态安全屏障，解决水量性和工程性缺水问题。

（2）塔里木河流域水权配置实践概况

为了塔里木河流域的水生态环境，水利部、新疆塔里木河流域管理局及区域管理机构加强对塔里木河流域的水资源管理力度，对流域"四源一干"水量进行统一调配，具体见表 3.4 所示。

表 3.4 塔里木河流域水权主要配置实践概况

时间	配置实践
1991 年	新疆维吾尔自治区人民政府批准了《新疆塔里木河流域各用水单位年度用水总量定额（试行）》，这是塔里木河流域的第一个水量分配方案。
2001 年	依据国务院批准的《塔里木河流域近期综合治理规划报告》及水利部审查通过的《塔里木河工程与非工程措施五年实施方案》，塔管局开展水量分配方案的编制工作。
2003 年	《塔里木河流域"四源一干"地表水量分配方案》确定了规划年多年平均量和不同来水年份下，流域可供水量在各区域配置方案。由唐德善教授主持的水利部 948 科技创新项目，名称为《塔里木河流域水权管理研究与实践》，提出初始水权分配的适时水权的概念，指出对水量的控制采用来水断面与下泄断面检测控制相结合的方式。其中，开都-孔雀河流域在 66 分水闸节点处，塔里木河干流下游供水 4.5 亿 m^3，且不受来水频率变化的影响[14]。

续表

时间	配置实践
2014年	修编完善《塔里木河流域水资源管理条例》,流域水资源统一管理新体制,建立了常态化输水机制,结束了塔里木河下游连续断流30年的历史,成为全国乃至世界范围内干旱区受损生态环境得到成功修复的典型案例。
2016年	塔里木河流域水利委员会第十九次会议召开,确定"十三五"期间,水量调配的指导思想如下,落实"三条红线",进一步深化流域水资源管理体制改革,保护塔里木河生态,筑牢生态安全屏障。
2018年	提出《塔里木河流域"四源一干"2018年度地表水水量分配方案》,配置原则为生态环境与经济社会协调发展,源流与干流、地方与兵团、上游与下游统筹兼顾。并提出实施大河口引水量和下泄塔河干流水量双控制指标。

根据《塔里木河流域"四源一干"2018年度地表水水量分配方案》,以2016为基期,2018年来水频率$P=50\%$年份,"四源一干"的2030年地表水用水总量控制指标如下:阿克苏河流域分配水量为46.04亿m^3,叶尔羌河流域(喀群断面以下)按照逐年递减原则,确定平均每年减水0.02亿m^3,叶尔羌河流域(喀群断面以下)分配水量为51.06亿m^3;和田流域分配水量为22.52亿m^3;巴州和兵团第二师在开都-孔雀河流域用水总量控制指标分别为15.7亿m^3(含诸小河流)和6.3亿m^3(含诸小河流);塔河干流地表水用水总量控制指标为10.81亿m^3。2018年度塔里木河流域"四源一干"地表水水量分配方案见下表3.5。

表3.5 2018年度塔里木河流域"四源一干"地表水水量分配方案

单位:亿m^3

"四源一干"	地区	地表水用水总量控制指标	合计	来水量	干流下泄水量
阿克苏河流域	克州阿合奇县	1.72	46.04	80.6	34.2
	阿克苏地区	23.27			
	第一师	21.05			
叶尔羌河流域	喀什地区	40.77	51.64	8.04	3.13
	第三师	10.87			
和田流域	和田地区	20.78	22.52	72.79	9.29
	第十四师	1.74			

续表

"四源一干"	地区	地表水用水总量控制指标	合计	来水量	干流下泄水量
开都-孔雀河流域	巴州	16.59	22.89	37.7	
	第二师	6.3			
塔里木河干流	上游阿克苏地区	5.41	12.54	46.5	
	中游巴州	5.08			
	下游第二师	2.05			

塔里木河流域在水量权配置过程中,主要采用的水权配置目标与原则如表3.6所示。

表3.6 塔里木河流域主要采用的水权配置目标与原则

目标及原则	主要内容	具体内容
配置目标	促进公平	水权配置关系到各个区域、行业和用水户的切身利益,直接影响其经济利益和发挥潜力,因此,促进配置结果的公平是塔里木河流域水权配置的重要目标。
	提高效率	塔里木河流域的水资源利用现状为水资源总量短缺和水资源利用效率低。面对该问题,塔里木河流域水权配置应合理调配,鼓励节水,在兼顾公平的同时实现水资源的高效利用。
	促进社会、经济和生态的协调发展	在塔里木河流域,流域的下游干涸严重影响社会经济的发展和水生态环境的安全。促进社会、经济和生态的协调发展,统筹兼顾源流与干流、地方与兵团、上游与下游,是塔里木河流域水权配置的重要目标。
配置原则	重视生态及保护环境原则	塔里木河流域中游受人口增长、耕地面积扩大等因素影响,绿洲下泄水量不断减少,河流流程缩短,造成下游大量土地沙化和生态环境恶化,并呈加剧趋势。因此,塔里木河流域水权配置应坚持重视生态及保护环境原则,以缓解塔里木河下游生态环境恶化的趋势。
配置原则	农业用水总量控制与宏观调控原则	塔里木河流域农业用水占流域总用水量的97%,既限制了二、三产业的用水,也挤占了生态用水,是下游的生态环境恶化的重要原因。因此,要解决下游水资源短缺及生态环境恶化问题,必须要进行农业用水总量控制。同时,为了保障用水总量控制指标的落实,必须要坚持宏观调控原则。
	尊重历史和逐步调整原则	尊重历史和逐步调整原则可以提高各地方与兵团、上游与下游各区域参与的积极性,以实现全面节约和优化配置水资源的目的。

（3）塔里木河流域配置实践借鉴

在水资源量极为不足的情况下，塔里木河流域管理者当局制定典型来水频率下源流与干流之间、源流内地方与兵团之间、干流上中下游之间的水量分配方案以及汛期水量调度规则，有效的缓解用水紧张和生态环境恶化的现状，平衡了塔里木河流域各地区间的政治经济关系[14]。塔里木河流域配置实践，在配置目标、水权配置的原则、初始水权四级分配，可为太湖流域初始水权量质耦合配置提供实践借鉴，具体如下：

1）配置目标。促进公平，提高效率，促进社会，经济和生态的协调发展。太湖流域初始水权量质耦合配置，也应以促进公平和提高效率为目标，在兼顾基本用水公平配置的前提下，实现初始水量权的高效配置，最终达到促进社会，经济和生态协调发展的目标，实现人与水自然和谐共生。

2）重视生态及保护环境的水权配置原则。塔里木河流域在水权配置的过程中，十分重视生态系统的保护，以及流域生态系统的恢复，并将"重视生态及保护环境"作为水权配置的首要原则。太湖流域初始水权量质耦合配置也应重视生态及环境保护，比如优先保障生态环境用水，以避免挤占河道外用水引发的一系列的生态环境恶化问题，从而改善流域水生态环境，促进太湖流域的永续发展。

3）农业用水总量控制与宏观调控原则。在塔里木河流域，农业用水占流域总用水量的97%，要解决下游水资源短缺及生态环境恶化问题，必须要进行农业用水总量控制。同时，为了保障用水总量控制指标的落实，必须要坚持宏观调控原则。太湖流域初始水权量质耦合的配置过程，也要明确流域管理委员会及各省区管理者的权属范围和职责分工，实施用水总量控制，更好的发挥政府的宏观调控功能，实现水权分级有序的协调分配。

4）初始水权四级分配。塔里木河流域通过四级水权配置，实现水权在源流、干流、团农业师团各团场、各用水户组织间的优化配置，同时界定了四级水权的流域机构管理者和区域管理的权属范围和职责分工。太湖流域初始水权量质耦合的配置过程，也要明确流域管理委员会及各省区管理者的权属范围和职责分工，实现水权分级有序的协调分配。

5）开-孔河流域基于用水惯例配置流域的可用水量，将其分配给各个区域及生活、工业、农业和生态四个用水户，该配置模式在一定程度上可以有效地保障基本生活用水、基本的农业用水。基本用水保障的配置模式，可为太湖流域水量权配置提供实践借鉴。《开-孔河流域水功能区划工作大纲》和《开-孔河流域限制排污总量及水质监测规划工作大纲》的编制,为太湖流域排污权配置的纳污总量控制方案的确定提供实践借鉴。

3.2 中国南方典型流域初始水权配置实践

3.2.1 晋江流域水权配置实践

(1) 晋江流域概况

晋江流域被誉为泉州的"母亲河",发源于福建安溪县桃舟乡达新村梯仔岭东南坡,流经永春、安溪、南安诸县市,贯穿泉州南部,流入泉州湾,约182 km,流域面积约5 629 km²,河道平均坡降1.9‰,为福建省第三大河流,年径流量48亿 m³,是泉州市工业和生活用水的重要来源,是金门市的重要水源。晋江上游自南安双溪口以上分两支流,其中,西溪为主流,发源于安溪县境内桃舟乡达德坂的梯子岭东南坡,河长为145 km,流域面积为3 101 km²;东溪发源于永春县和德化县交界的戴云山脉南麓海拔为1 366 m的雪山,河长为120 km,流域面积为1 917 km²。双溪口至河口的河长为29 km,流域面积为611 km²。

晋江流域属亚热带海洋性气候,降水量丰富。降水量在空间上分布不均,降水量与地形的高低起伏相对应,表现为山区多沿海少,降水量介于[1 000, 2 000]mm,其中,西北山地地势高,年降水量介于[1 800, 2 000]mm;东南沿海地势低平,年降水量介于[1 000, 1 300]mm。流域中上游水资源量占全流域总水资源量的70%,人口相对较少,下游沿海地区仅占流域水资源总量的30%,但经济发达,人口相对稠密;在时间上,降雨量多集中在4—9月份,在台风天气洪涝灾害的发生概率增加。由于现有蓄水工程标准低,蓄积能力有待提高,在降水量多的季节弃水严重[207]。

(2) 晋江流域水权配置实践概况

晋江流域下游人均水资源量低于晋江流域、福建和全国平均水平,水资源供给量难以保障经济社会的可持续发展,尤其在枯水期,供需矛盾更为突出,同时由于经济的发展,农业面源污染和工业废水污染导致河流受到污染影响到水资源的供给质量,加剧了下游的供水危机。泉州市的水资源供水问题致使管理机构需做好水资源优化配置,运用水权理论制定水量配置方案,缓解供水危机。另外,下游金鸡闸处于集中控制地位,可为晋江流域水资源调配提供先天有利条件。因此,泉州市政府积极探索制定晋江流域水权配置方案,具体见表3.7。

表 3.7　晋江流域水权主要配置实践概况

时间	配置实践
1996 年	泉州制定了《晋江下游水量分配方案》，综合考虑中长期水资源规划中水的用水需求量，将可配置水量的 10%作为政府预留水量，包括城市发展预留水量和应急预留水量；其余 90%按需配置给晋江流域下游各个区县。
2005 年	泉州市制定下发了《晋江、洛阳江上游水资源保护补偿专项资金管理暂行规定》统筹分配水资源保护补偿资金，一方面，按下游补偿上游的原则，调动上游地区水资源保护的积极性，保障上游有充足资金保护水资源；另一方面，可保障晋江、洛阳江上游地区政府组织实施的水资源保护建设项目顺利完工。
2010 年	2010 年泉州市政府下发了《关于调整晋江下游水量分配方案的通知》，将政府预留水量全部分配，以解决泉州台商投资区、湄洲湾南岸的远期供水问题。
2014 年	《晋江洛阳江上游水资源保护补偿专项资金管理规定（2014—2016 年）》指出，按照"谁受益谁补偿，受益多补偿多"的原则来进行资金的补偿，这是以行政手段为主的水资源管理模式向水权管理过渡。
2016 年	《晋江、洛阳江上游水资源保护补偿专项资金管理规定》从区域生态环境保护的实际出发，流域保护补偿专项资金 40%按流域面积、流域水质水量、年度主要污染物削减任务完成比例、用水总量控制、重点整治任务完成情况以及生态保护因子等因素切块分配给上游县（市、区），极大提高了上游纳污控制和用水总量控制的积极性，促进水量分配方案的有效实施。

晋江流域水权配置实践经验可总结为以下几个方面：

1）晋江流域生态补偿制度的实施。晋江流域下游的水量分配方案的顺利实施，得益于山美水库扩蓄、金鸡闸重建、两江流域下游补偿上游的保护机制的提出与完善，晋江流域的水量分配方案从单一的水量配置，转变为与按照用水比例分摊工程资金、水环境治理、水生态补偿等方式相结合的水量分配，表现为水资源管理向水权管理的演变。如山美水库扩蓄工程资金，泉州市及市级以上财政承担 77%，各区县按照基准年水量分配比例承担 33%。

2）水量分配的适度调整。以 1994 年为基准年，制定的 2010 年晋江下游水量配置方案已经不能满足现实的经济社会发展的用水要求，需根据流域经济发展状况和行政区划变化进行适当调整，但也要保持相对稳定，即实行总量控制和定额管理相结合的制度。如泉州市台商投资区在 2010 年获得 3.114 m³/s 的水量权；石狮市因经济发展迅速，2010 年石狮市用水需求量与供给量相差 2.54 m³/s，水资源不足，石狮市只有通过产业结构调整或水权交易，才能保证水量供应。因此，应严格按照1994年的水量分配方案进行取水,鼓励水权交易[14,207]。

(3) 晋江流域水权配置实践借鉴

晋江流域水权配置实践,在规划年枯水期的水量分配方案制定、水资源管理由"行政化"转变为"水权化"方面,为太湖流域初始水权量质配置实践提供有效借鉴。

1) 制定规划年枯水期的水量分配方案。由于晋江流域位于我国南方地区,水量丰富,尤其是丰水期的水资源较为充沛,供需矛盾仅在枯水期和用水高峰期开始突出,表现为周期性缺水和工程性缺水,出现暂时性缺水问题。太湖流域也是处于南方地区,在做规划年水权配置方案时,要着重做好枯水期的水量配置方案,保障枯水期的供水,这为太湖流域初始水量权配置提供有益借鉴。

2) 水资源管理由"行政化"转变为"水权化"。晋江流域的水量分配方案设计是我国较早具有现代意义的水权分配[14,207]。在晋江流域的水量分配方案实施的同时,为了配合方案的实施,晋江流域的水资源管理以"水权化"为中心,启动一系列保障工程及管理措施的更新转换,如工程建设资金分摊、环境治理及生态补偿等方式的转变,表现为水资源管理模式由"行政化"向"水权化"转变。太湖流域初始水权量质耦合配置方案的顺利实施,也需要流域当局制定一系列保障水权量质耦合配置方案的管理制度和措施。

3.2.2 广东省北江流域水权配置实践

(1) 广东省北江流域概况

广东省北江流域面积43 240 km², 河长458 km,总耕地面积554.31万亩,其中,水田占比72.56%,旱地占比27.44%。广东省北江流域地处亚热带、中亚热带,水量丰富,但降水时空分布不均。多年平均(1956—2000年)水资源总量477.57亿 m³,多年平均降雨量1 785 mm,水资源可利用总量为144.30亿 m³,北江流域水资源可利用率为30.2%。清远市多年平均水资源总量最大,为227.47亿 m³,流域水资源总量占比47.6%;韶关市162.59亿 m³,流域水资源量占比34.1%,占比最小的是佛山市,仅为0.5%。2014年,广东省北江流域拥有水库967宗,总库容达97.831 0亿 m³,兴利库容为33.719 6亿 m³。

不含过境水,广东省北江流域多年人均水资源量为5 616 m³,高于广东省年人均水资源量2 100 m³,也高于全国年人均水资源量约2 200 m³。其中,韶关、清远、广州、佛山的多年平均人均水资源量分别为6 121 m³、6 514 m³、764 m³和492 m³。随着流域内经济社会活动的加剧,广东省北江流域的水环境、河流生态也受到潜在威胁。因此,广东省北江流域水量相对丰沛,主要面临的水资源问题为水质性缺水。

(2) 广东省北江流域水权配置实践概况

广东省北江流域水量相对丰沛,面临水质性缺水威胁,积极开展水权配置探索,《北江流域水量分配方案》获得水利部批复(水资源〔2016〕273号)。2017年12月,为落实最严格水资源管理制度,规范用水秩序,确保广东省北江流域供水安全以及水生态安全,促进广东省北江流域及相关地区永续发展,广东省水利厅颁布实施《广东省北江流域水资源分配方案》。具体配置内容见表3.8。

表3.8 广东省北江流域水资源分配实践

配置内容	具体内容
配置原则	公平公正原则、兼顾现状与发展原则、可持续利用和节约保护原则、优先保证生活和生态环境基本用水原则、水量水质双控制原则。
配置范围	韶关市、广州市、佛山市、肇庆市、河源市和清远市。
配置方案	规划年2030流域可分配水量为56.68亿 m^3,其中,韶关市、广州市、佛山市、肇庆市、河源市和清远市的地表水配水量分别为20.34亿 m^3、3.28亿 m^3、1.06亿 m^3、8.34亿 m^3、0.24亿 m^3 和18.71亿 m^3。
保障措施	建立健全广东省北江流域管理与行政区域管理相结合的管理体制;做好广东省北江流域水资源的统一调度;加强水资源节约保护,保障供水安全;建立健全水量调度应急预案管理体制;建立健全水资源监控系统。

(3) 广东省北江流域水权配置实践借鉴

广东省北江流域水权配置实践,在水量水质双控制方面,为太湖流域初始水权量质配置实践提供有效借鉴。广东省北江流域严格用水总量控制,按确定的总量进行配置;严格入河排污口数量和水功能区监督管理,大力推行水功能区限制纳污总量控制管理,切实保障供水安全。在太湖流域初始水权量质配置过程中,也应坚持水量水质双控制原则,实现水资源的高效利用,推进太湖流域节水减污型社会建设。

3.2.3 湘江流域水权配置实践

(1) 湘江流域概况

湘江流域全长867 km,在湖南省内干流全长670 km,流域面积94 815 km^2,湖南省内面积85 383 km^2,拥有大小支流1 300多条,年平均径流量722亿 m^3,

湘江流域多年平均(1956—2000年)年降水量1 458 mm,降水时空分布不均,季节性和地域性差异显著。整个流域属于太平洋季风湿润气候,地貌以山地、丘陵为主,资源禀赋优良,矿产丰富,植被丰茂,森林覆盖率达54.4%。湘江流域右岸支流包括潇水、白水、舂陵水、耒水、洣水、渌水、浏阳河、捞刀河;流域左岸支流包括祁水、蒸水、涓水、涟水和沩水。湘江流域属亚热带季风湿润气候,多年平均气温17.6 ℃,受季风环流和地貌综合影响,流域中部盆地热量不易扩散,衡阳于1963年9月1日出现40.5 ℃的最高气温,永州市于1957年8月7日出现43.9 ℃的极高气温。风速由北向南逐步减弱,多年平均风速1.90 m/s,最大风速25.7 m/s。湘江流域气候特点为严寒期短、暑热期长和湿热多雨。湘江流域的用水区域包括长沙、株洲、湘潭、衡阳、郴州、永州、娄底、邵阳、岳阳及益阳的一部分等10个地级市。

湘江流域是湖南最发达的区域(GDP占比70%以上),城镇密布,人口密集(人口占比60%),工业集中,湘江水域集饮用、灌溉、渔业、航运、纳污等多功能于一体,其中,湘江流域的首要功能是饮用水的供应,流域用水的水量水质敏感。为了确保湘江流域水资源可持续利用,以及有力支撑流域经济社会的可持续发展,促进节水型社会建设,实现人水和谐。省水利厅决定于2008年7月开展湘江流域的初始水量配置方案的编制。

(2) 湘江流域配置实践概况

2009年《湘江流域水量分配方案》的分水类别为生活用水、生产用水、公共服务及河道外生态环境用水。分配优先序为生活、生态、生产,最后考虑预留。此外,在特殊旱期,生产分水的调度采用水资源生成地适度优先。分水区域为湘江流域湖南省所辖区域(地表水),总面积为85 383 km²,占湖南省行政面积的40.3%,占湘江流域总面积的90.1%,涉及湖南省10个地级市的68个县级行政区域。湘江流域水量分配的原则如下:①水资源可持续利用和经济社会协调发展的原则;②充分考虑历史和现状用水原则;③以供定需原则;④坚持公平、公正和与适度兼顾效率的原则;⑤兼顾上下游地区的利益原则;⑥坚持节约用水的原则;⑦生活用水优先保证,统筹生态、生产用水的原则;⑧合理预留原则;⑨民主协商与集中决策相结合原则。

2009年,《湘江流域水量分配方案》要求通过水量分配,明晰初始水权,加强总量控制和定额管理,保障各方用水权益,促进水资源的优化配置,制定了2020年50%、75%和95%来水频率下的水量分配推荐方案,具体见表3.9。

表 3.9　湘江流域 2020 年三种来水频率下各地级市水量分配方案　　单位:亿 m³

频率	长沙市	株洲市	湘潭市	衡阳市	邵阳市	岳阳市	益阳市	郴州市	永州市	娄底市	合计
50%	42.610	24.925	20.442	37.007	2.847	1.539	0.072	21.786	28.284	10.939	190.45
75%	43.883	25.753	21.094	38.386	2.356	1.590	0.075	22.540	29.408	8.950	194.04
95%	44.224	25.945	21.242	38.638	1.776	1.604	0.076	22.697	29.756	6.572	192.53

2013 年,《湘江流域科学发展总体规划》获省政府批复,规划期限为 2011—2020 年,在《湘江流域水量分配方案》的基础上,进行适量调整,根据取水许可总量控制指标,编制 2020 年水量分配方案,实行年度用水总量控制,保证下游河道内重要节点的最小径流量,加大湘南地区、衡邵娄丘陵地带与湘江沿岸等局部缺水区域水利工程建设力度,提高湘江流域水资源配置的均衡性。

2014 年 12 月 29 日,湖南省省水利厅颁布湘水资源[2014]33 号文件,提出将长沙县江背镇委建设为水资源督察制度及推进水权制度建设试点。试点建设的目的,是通过试点地区探索水资源资产负债情况调查研究、水资源使用权确权登记、水权交易流转、相关制度建设等方面的内容,实践出适合湖南省及湘江流域的水资源督察制度、水权制度建设经验和模式。

2015 年,《湘江流域生态补偿(水质水量奖罚)暂行办法》出台,省财政厅对湘江流域上游水源地,在给予重点生态功能区转移支付财力补偿的基础上,基于水质奖惩因子制定"按绩效奖罚"措施,对湘江流域跨市县断面进行水质、水量目标考核奖罚。奖罚分为水质目标奖罚、水质动态奖罚及最小流量限制三部分;惩罚水质劣于Ⅲ类水质标准区县,给予达到Ⅱ类标准的地区适当奖励;给予达到Ⅰ类标准的地区重点奖励;给予水质等于Ⅲ类标准的地区"不奖不罚"。其中,超标水质处罚标准是根据超标倍数翻倍递增处罚款。

(3) 湘江流域水权配置实践借鉴

湘江流域也属于我国的丰水区域,水量缺水问题不突出,主要是处理或防范因用水量增加而带来的水质性缺水问题。因此,湘江流域水权配置实践对太湖流域初始水权量质耦合配置具有现实借鉴意义。

1) 民主协商与集中决策相结合原则。在湘江流域水量分配过程中,通过建立民主协商机制,充分协商配置方案以达成共识,否则,通过集中决策机制形成集体意志。民主协商与集中决策相结合既可充分反映各方利益,又能提高决策效率。在太湖流域初始水权量质耦合配置过程中,也需民主协商与集中决策相结合。

2) 以供定需确定总量控制指标。在湘江流域水权配置过程中,合理确定水资源的可分配总量,基于"以供定需"原则确定总量控制指标,实现水资源可持续利用,有利于维护河流的可持续利用。在太湖流域初始水权量质耦合配置过程中,需要严控用水总量和纳污总量,以供定需。

3) 基于水质奖惩因子制定"按绩效奖罚"措施。针对丰水地区的水质性缺水问题,基于水质奖惩因子制定"按绩效奖罚"措施,从水质水量奖罚的角度开展湘江流域生态补偿,有利于提高各区域治污的积极性,改善水质。太湖流域也存在水质性缺水问题,可以在初始水权量质耦合配置过程中,引入"奖优罚劣"的水量调节设计,从水质水量奖罚的角度缓解太湖流域的水质性缺水问题。

3.3　本章小结

本章从中国北方流域水权配置实践和中国南方流域水权配置实践两个方面,总结我国典型流域初始水权配置的实践借鉴。具体结论如下:

(1) 中国北方典型流域初始水权配置实践借鉴。①从黄河流域水权配置实践来看,黄河流域水权配置实践的配置原则从缓解供需矛盾到坚持水量、水质、水生态并重原则;配置的主体从以流域管理当局为主,到按照上下联动、协调平衡的方式开展;配置的模式从尊重历史用水习惯,到以最严格水资源管理制度的"三条红线"为控制基准的混合配置模式。②大凌河流域的"因地制宜,分类指导"的配置指导思想、总量控制与定额管理相结合的配置原则、排污惩罚配置机制。③黑河流域的"均水制度","以水定地、配水到户"为主要内容的水权制度框架和运行机制。④塔里木河流域促进公平,提高效率,促进社会、经济和生态的协调发展的配置目标,重视生态及保护环境的水权配置原则,农业用水总量控制与宏观调控原则,初始水权四级分配,开孔河流域基于用水惯例配流域的可用水量,将其分配给各个区域及生活、工业、农业和生态四个用水户。

(2) 中国南方典型流域初始水权配置实践借鉴。①晋江流域在规划年枯水期的水量分配方案制定,以及水资源管理由"行政化"转变为"水权化"。②广东省北江流域坚持水量水质双控原则,实现水资源的高效利用,推进节水减污型社会建设。③湘江流域水权配置的民主协商与集中决策相结合原则,以供定需确定总量控制指标,基于水质奖惩因子制定"按绩效奖罚"措施。

第 4 章
太湖流域水资源利用现状

太湖流域是我国水资源相对丰富的地区之一,然而该流域人均、亩均水资源仅为全国的 1/5 和 1/2,流域内的苏锡常、杭嘉湖以及上海,都处于对水资源的渴求状态,"蓝藻病"久治不愈[210],资源型缺水和水质型缺水的双重矛盾并存,流域的水资源和水环境承载力表现出严重不足及不协调。面对最严格水资源管理制度的要求,面对太湖流域存在的水量和水质问题,太湖流域迫切需要加强水资源权属管理,以"三条红线"为控制基准,根据三阶段流域初始水权量质耦合配置方法,获得太湖流域初始水权量质耦合配置方案。同时,太湖流域水资源保护规划、水环境综合治理总体方案、水资源综合规划等基础工作较为完善。因此,本章选择太湖流域进行实证分析。

4.1 太湖流域概况

太湖流域地处长江三角洲南翼,北抵长江,南抵钱塘江,东临东海,西以天目山、茅山等山区分水岭为界。太湖流域包括江苏省、浙江省、上海市和安徽省三省一市,流域面积共 36 895 km²。其中,江苏省包括苏州市、无锡市和常州市全部,镇江市和南京市的部分地区,共 19 399 km²,占 52.6%;浙江省包括嘉州市、湖州市全部及杭州市部分地区,共 12 093 km²,占 32.8%;上海市的大陆部分(崇明、横沙、长兴三岛除外)5 178 km²,占 14.0%;安徽省宣城市的部分地区 225 km²,占 0.6%。鉴于流域所辖安徽省的面积非常小,本书对其暂不考虑。

4.1.1 自然概况

地形地貌与气候概况。太湖流域地形特点为周高中低,呈碟状。流域地貌分为山丘和平原两大类,山丘区约占 20%,位于流域西部;以太湖为中心的洼地及湖泊和平原河网位于流域中部,北、东、南周边因地势相对较高而形成碟边,占流域总面积约 80%。流域属于亚热带季风气候区,气候温和湿润,多年平均气温 15℃~17℃;雨量充沛,多年平均年降雨量 1 177 mm。

河湖水系概况。太湖流域河网如织,河道总长度约 12 万 km,河道密度约 3.3 km/km^2;流域水面面积在 0.5 km^2 以上的大小湖泊有 189 个,水面总面积约 3 159 km^2,蓄水量约 57.7 亿 m^3。其中,太湖水面面积 2 338 km^2,多年平均蓄水量约 44 亿 m^3。太湖流域多年平均年径流量为 136.7 亿 m^3,水系以太湖为中心被划分为两类:一类是上游水系,有苕溪及南溪径流入湖,主要包括浙西、湖西山丘区水系,位于太湖以西;另一类是下游平原河网水系,主要包括黄浦江水系、沿杭州湾水系和沿长江水系,位于太湖以东。纵贯太湖流域的北部及东南部的京杭大运河,起着重要的水量调控和承转作用,是流域内河航运的主干航道。

4.1.2 社会经济概况

太湖流域是我国经济最发达、大中城市最密集的地区之一。2012 年流域总人口 5 920 万人,人口密度为 1 605 人/km^2,城镇化率超过 70%;流域生产总值约为 54 188 亿元,占 GDP 的比重约为 10.4%;流域人均 GDP 约为 9.2 万元,约为我国人均 GDP 的 2.4 倍。2000—2012 年间太湖流域各省区 GDP 与人口统计变化详见表 4.1。

表 4.1　2000—2012 年间太湖流域各省区社会经济情况

年份	江苏省 GDP（亿元）	江苏省 人口（万人）	上海市 GDP（亿元）	上海市 人口（万人）	浙江省 GDP（亿元）	浙江省 人口（万人）
2000	3 770.40	1 348.30	1 463.60	830.58	4 481.60	1 210.31
2001	4 260.02	1 554.40	1 645.68	856.10	5 152.30	1 255.40
2002	4 955.76	1 634.99	1 864.50	858.83	5 678.53	1 354.64
2003	6 215.73	1 739.46	2 212.14	861.11	6 624.13	1 464.29
2004	7 602.35	1 776.41	2 669.82	864.13	7 993.83	1 592.12
2005	8 880.70	1 933.40	3 291.00	881.20	9 048.20	1 712.70
2006	10 379.63	2 007.49	3 626.43	919.31	10 463.94	1 808.32
2007	12 484.93	2 066.57	4 291.86	966.60	11 871.21	1 914.99

续表

年份	江苏省 GDP（亿元）	江苏省 人口（万人）	上海市 GDP（亿元）	上海市 人口（万人）	浙江省 GDP（亿元）	浙江省 人口（万人）
2008	14 717.23	2 106.33	4 965.99	973.42	13 425.78	2 002.15
2009	16 550.70	2 163.48	5 538.50	998.14	14 730.30	2 099.59
2010	19 695.13	2 370.00	6 238.29	1 127.50	16 971.58	2 221.00
2011	22 105.33	2 438.86	7 302.08	1 158.24	18 971.59	2 264.21
2012	26 228.43	2 453.31	8 014.15	1 165.07	19 945.42	2 296.01

数据来源：《太湖流域及东南诸河水资源公报》(2003—2012)；水利部太湖流域管理局编《太湖流域水资源及其开发利用》，2011。

2000—2012年间，太湖流域各省区GDP快速增长，江苏省保持年均17.60%的增速；浙江省保持年均15.30%的增速；上海市保持年均13.31%的增速。随着太湖流域经济的快速发展，外来人口的大量增加，人口持续增长，总人口从3 389.19万人增加到5 914.39人。2000—2012年间，江苏省年均增长率为5.19%；浙江省年均增长率为2.91%；上海市年均增长率为5.51%。

4.1.3 流域治理概况

21世纪以来，随着流域经济社会的发展，流域人口增长、区域一体化加速发展、城乡人民生活水平不断提高，对水利提出了更新、更高的要求。为适应新形势下经济社会发展的要求，按照《水法》要求，太湖局积极推进建立流域管理与行政区域管理相结合的水资源管理体制和机制，开展了以流域规划、调度、管理、保护为重点的流域管理工作，会同有关省（市）编制完成了《太湖流域防洪规划》《太湖流域水资源综合规划》《太湖流域综合规划》等，努力推进流域新一轮治理。

2002年起太湖局会同流域两省一市实施了"引江济太"水资源调度，截至2010年底，通过望虞河常熟枢纽引江水量约170亿m^3，望亭枢纽入湖约75亿m^3，保障了流域供水安全，改善了流域水环境。

为推进流域综合治理与管理，从2002年起，在水利部的领导下，太湖局开始太湖管理条例立法的相关研究、起草工作。目前《太湖流域管理条例》（国务院令第604号）作为首部综合性的流域管理立法已经颁布实施，自2011年11月1日起施行。

2008年5月,国务院以国函[2008]45号文批复同意《太湖流域水环境综合治理总体方案》。目前,流域各级水利部门正全力组织开展《水环境总体方案》中确定的提高水环境容量引排通道工程建设、"引江济太"、节水减排、水质监测、蓝藻打捞、底泥疏浚、河网整治等水环境综合治理水利工作。

2010年5月,国务院以国函[2010]39号文批复同意《太湖流域水功能区划(2010—2030年)》。批复要求江苏省、浙江省、上海市、安徽省人民政府和国务院有关部门要加强领导,密切配合,制定落实《太湖流域水功能区划(2010—2030年)》的相应措施,切实加强流域水资源保护和水环境综合治理,确保各水功能区按期达到水质目标。

2007年5月底暴发的太湖水危机,引起了党中央、国务院的高度重视和社会各界的广泛关注。按照国务院要求,为保障人民群众饮水安全,改善太湖水环境质量,发展改革委会同有关部门和地方紧急编制了《太湖流域水环境综合治理总体方案》,太湖流域分别在2008年和2013年编制《太湖流域水环境综合治理总体方案》,明确水污染物排放总量控制目标。治理期限为2013—2020年,近期到2015年,远期到2020年。

2016年,太湖局与长江委共同编制《长江经济带沿江取水口排污口和应急水源布局规划》并实施,2017年,长江经济带入河排污口核查工作顺利开展,进一步加强了入河排污口监管。

4.2 太湖流域水资源及开发利用状况

4.2.1 太湖流域水资源数量概况

根据1956年以来的资料统计,太湖流域多年平均年降雨量11 77 mm,其中,约60%的降雨量集中在汛期的5—9月份;太湖流域多年平均年水面蒸发量为822 mm,变化区间大致在750~900 mm之间;太湖流域多年平均河川年径流量约为160.1亿 m^3(包括安徽省多年平均径流量1.3亿 m^3),最大径流量发生在1999年327.8亿 m^3,最小径流量发生在1978年25.7亿 m^3;多年平均年径流系数为0.37,变化幅度大致在0.21~0.55之间,流域年径流与降水的年内分配相似且更不均匀,最大与最小月径流相差4~8倍,径流年内呈现汛期集中和四季径流分配悬殊等特点。流域多年平均水资源总量约为177.75亿 m^3,其中,地表水资源量为160.1亿 m^3,地下水资源量为53.1亿 m^3,地表水和地下水的重复计算量为37.2亿 m^3。太湖流域及各省区水资源量变化状况见表4.2。

表 4.2 太湖流域及各省区水资源量

分区	计算面积 (km²)	降水量 (亿 m³)	河川径流量 (亿 m³)	不重复量 (亿 m³)	水资源总量 (亿 m³)
江苏省	19 399.00	212.80	66.00	8.00	73.12
浙江省	12 095.00	161.60	72.80	5.20	78.41
上海市	5 176.00	57.10	20.10	2.70	24.52
太湖流域	36 895.00	434.40	160.10	15.90	177.75

太湖流域水资源来源主要包括本地水源、长江水源及钱塘江水源。太湖流域在 2012 年的供水总量约为 349.50 亿 m³，其中，本地水源供水量占流域供水总量的 45.18%，约为 157.90 亿 m³；沿长江口门引长江水量占流域供水总量的 53.65%，约为 187.50 亿 m³；流域沿钱塘江口门年均引水量占流域供水总量的 1.17%，约为 4.10 亿 m³。故引长江水已经成为补充本地水资源不足的主要方式，且太湖流域引江能力在不断提高，引江水量从 2006 年 138.90 亿 m³ 迅速增长到 2012 年 187.50 亿 m³，增长率为 34.99%，具体如表 4.3 所示。因此，在确定规划年可分配水资源量时，应充分考虑到流域规划工程的实施所带来的流域引江能力的提高。

表 4.3 2006—2012 年太湖流域供水来源情况

年份	流域总供水量 (亿 m³)	本地水源供水 水量 (亿 m³)	本地水源供水 占总水量(%)	长江水源供水 水量 (亿 m³)	长江水源供水 占总水量(%)	钱塘江水源供水 水量 (亿 m³)	钱塘江水源供水 占总水量(%)
2006	361.1	219.8	60.9	138.9	38.5	2.4	0.7
2007	372.7	221.7	59.5	147.4	39.5	3.6	1.0
2008	354.6	201.9	56.9	148.9	42.0	3.8	1.1
2009	353.3	202.1	57.2	147.4	41.7	3.8	1.1
2010	355.4	196.6	55.3	154.5	43.5	4.3	1.2
2011	354.8	172.6	48.7	178.2	50.2	4.0	1.1
2012	349.5	157.9	45.2	187.5	53.6	4.1	1.2

数据来源：《太湖流域及东南诸河水资源公报》(2006—2012)。

4.2.2 太湖流域水资源质量概况

太湖流域主要河湖划分一、二级水功能区 380 个，其中一级水功能区 254 个，包括 14 个保护区、76 个缓冲区、158 个开发利用区和 6 个保留区；在 158 个开发利用区中,根据其具体的用水功能共划分二级水功能区 284 个,基本涵盖了流域河网骨干河道、主要湖泊及山区大型水库。2012 年太湖流域河流水质评价中,全年期水质达到或优于Ⅲ类河长的比例达到 18.7%,未达到Ⅲ类标准项目主要为氨氮、高锰酸钾指数等。

2012 年,太湖湖体水质除总氮外,其他指标达到Ⅳ类以上,处于轻度富营养化状态;流域内 24 个重点饮用水源地中,19 个达到或优于地表水Ⅲ类水质标准;河网水功能区达标率达到 40.6%。五里湖、东太湖和东部沿岸区水质为Ⅳ类,占太湖面积的 19.1%;贡湖水质为Ⅴ类,占太湖面积的 7%;其余太湖湖区水质均为劣Ⅴ类,占湖区面积的 73.9%。全年期状态为中度富营养。2012 年淀山湖全年期水质劣于Ⅴ类,营养状态为中度富营养。2012 年西湖全年期水质劣于Ⅴ类,营养状态为轻度富营养。太湖流域废污水排放总量为 64.3 亿 t(江苏省 29.1 亿 t,上海市 23.1 亿 t,浙江省 12.1 亿 t),其中,城镇居民生活废污水排放量为 18.2 亿 t,占总排放量的 28.30%;第二产业废污水排放量(未计火〈核〉电直流冷却水排放量)为 32.1 亿 t,占总排放量的 49.92%;第三产业废污水排放量为 14.0 亿 t,占总排放量的 21.77%。

4.2.3 太湖流域初始水权配置实践概况

基于太湖流域水资源总量中引江水占比不断提高,以及富营养化水质比例较大的情况,太湖流域开展流域初始水权配置实践工作,具体见表 4.4。

表 4.4 太湖流域初始水权配置实践工作概况

时间	配置实践
2010 年	编制完成了《太湖流域水资源综合规划》(以下简称《规划》),并获国务院批复。《规划》明确了太湖流域水资源管理的要求。第一,太湖流域要合理配置和高效利用水资源。完善北引长江、太湖调蓄、统筹调配的流域水资源配置布局,积极推进河湖水系连通,提高流域水资源调控能力。全面推进节水型社会建设,调整产业结构,严格限制发展高耗水、高污染工业,大力发展现代高效节水农业。第二,太湖流域要强化流域综合管理,强化涉水事务管理和执法监督。第三,太湖流域要建立流域用水总量控制指标,加强流域水资源统一调度和管理。第四,太湖流域要加强河网水系和圩区管理,完善水量、水质、水生态环境综合监测系统。
2010 年	编制完成《太湖流域初始水权分配方法探索》(以下简称《探索》)。《探索》中首次明确了太湖流域初始水权分配总体思路,即河道内用水权分析→河道外用水权分配→制定引江取水的条件原则以及引江取水量的控制方法。

续表

时间	配置实践
2013年	《太湖流域综合规划》获国务院批复。其中提到要合理配置和高效利用水资源。完善北引长江、太湖调蓄、统筹调配的流域水资源配置布局,积极推进河湖水系连通,提高流域水资源调控能力。优化和调整城乡水源地布局,加强城乡第二水源及应急备用水源建设,提高供水安全保障程度。全面推进节水型社会建设,调整产业结构,严格限制发展高耗水、高污染工业,大力发展现代高效节水农业。
2013年	完成了《太湖流域水环境综合治理总体方案》的修编工作,确定2015年与2020年污染物排放总量控制目标。
2018年	编制完成《太湖流域水量分配方案》并获国家发改委批复。《太湖流域水量分配方案》包括水量分配原则、河道内需水控制指标、水量分配意见、水资源调度管理意见和保障措施等内容。其中,水量分配意见是太湖流域实施初始水权分配的基础。

目前,太湖流域初始水权分配时基本遵循了以下几项原则:

1) 公平公正,合理高效。水资源是基础性的生活和生产资源,属国家所有。太湖流域水量分配首先要遵循公平、公正的原则,以体现对基本人权和法律秩序的尊重和遵守;在保障流域防洪安全的前提下,统筹考虑流域与区域的水资源条件,兼顾各省(直辖市)经济社会平衡发展的需求,权利与义务相协调,促进优质水资源的高效利用。

2) 节水优先,总量控制。太湖流域水资源缺乏与浪费现象并存,政策部门多次强调要提高水资源利用效率。强调效率原则,需要促进流域节水,控制用水总量,从而合理遏制流域用水增长,缓解水资源供需矛盾;同时可以有效控制污水排放总量,减轻水环境污染负荷,缓解水质性缺水问题。

3) 保护生态,持续利用。在优先满足生活用水需求的前提下,统筹兼顾生产和生态环境等其他河道内外用水,保障水资源的可持续利用和生态环境的良性循环。可持续利用主要考虑未来需水的变化趋势及对水质的考量。经济增长率、人口增长率可反映各区域未来需水的变化趋势。

4) 合理引江,统筹配置。太湖流域本地水资源不足,利用长江、钱塘江的丰沛、优质过境水资源作为流域水资源的重要补充。太湖流域水量分配应统筹考虑本地水资源及引江水量,对本地及引江水资源进行统一配置。

5) 尊重现状,科学调控。在补充调查摸清太湖流域水资源开发利用布局、现状用水规模、用水结构的基础上,尊重客观事实,维护现状用水户的合法正当权益;同时,结合未来流域对优质水的需求,坚持优水优用,对不合理用水进行调整,合理确定现状和规划用水。

4.3 太湖流域省区初始水权量质耦合配置驱动因素分析

4.3.1 太湖流域用水趋势分析及面临的主要问题

4.3.1.1 太湖流域用水趋势分析

（1）水资源利用结构变化趋势分析

2012年，太湖流域总用水量约为349.5亿 m^3，按照省区来划分，江苏省的用水量约为188.2亿 m^3，占52.95%；浙江省的用水量约为51.4亿 m^3，占14.46%；浙江省的用水量约为109.7亿 m^3，占30.87%。按照行业来划分，生活用水量约为30.4亿 m^3，占8.7%；生产用水量约为316.3亿 m^3，占90.5%；生态环境补水量约为2.8亿 m^3，占0.8%。2001—2012年，太湖流域各省区、各行业用水量及其所占比例见表4.5、表4.6。其中，因2000年的数据难以搜集，而分析2001—2012年际间的用水结构变化趋势。

表4.5 太湖流域各省区用水比例汇总

年份	江苏省 用水量（亿 m^3）	江苏省 占总水量(%)	浙江省 用水量（亿 m^3）	浙江省 占总水量(%)	上海市 用水量（亿 m^3）	上海市 占总水量(%)
2001	136.0	45.55	61.8	21.47	100.8	33.52
2005	175.1	49.39	64.1	18.08	115.1	32.47
2007	202.4	54.31	55.2	14.81	114.9	30.83
2010	182.6	52.2	52.3	14.96	120.3	34.42
2012	188.2	52.95	51.4	14.46	109.7	30.87

数据来源：《太湖流域及东南诸河水资源公报》（2003—2012）；太湖流域管理局水利发展研究中心主编《太湖流域水量分配方案研究技术报告》，2012。

表4.6 2000—2012年太湖流域用水情况 （单位：亿 m^3）

年份	流域总用水量	生活用水 城镇	生活用水 农村	生活用水 总量	生产用水 第一产业	生产用水 第二产业	生产用水 第三产业	生产用水 总量	生态环境补水
2001	298.6	—	—	33.2	—	—	—	260.8	4.7
2005	354.5	18.9	5.5	24.4	103.3	204.9	12.0	320.2	9.9
2007	372.7	20.9	5.7	26.6	94.1	235.3	14.2	343.6	2.5

续表

年份	流域总用水量	生活用水			生产用水				生态环境补水
		城镇	农村	总量	第一产业	第二产业	第三产业	总量	
2010	355.4	23.5	5.4	28.9	92.2	214.9	16.3	323.4	3.1
2012	349.5	25.3	5.1	30.4	87.7	209.8	18.8	316.3	2.8

数据来源：《太湖流域及东南诸河水资源公报》(2003—2012)；太湖流域管理局水利发展研究中心主编《太湖流域水量分配方案研究技术报告》，2012。

从表4.5、表4.6可以看出：①江苏省用水量约占流域总用水量一半以上，2001—2007年际其用水量总体呈上升趋势，2007—2012年际其用水量总体呈递减趋势；2000—2012年际浙江省用水量总体呈递减趋势；2000—2012年际上海市用水量总体呈上升趋势；②流域总用水量先增加后逐渐减少，变化幅度小，比较平稳；③流域生活用水量逐年增加，第一产业用水量逐年减少，第二产业用水量先增加后减少，第三产业用水量逐年增加，总体比较平稳，生态环境补水总体呈递减趋势。

(2) 水资源利用效率变化趋势分析

随着节水技术的进步和人们节水意识的提高，太湖流域的用水效率有较大程度的提高。2012年，太湖流域人均用水量为590 m^3，万元工业增加值用水量为92 m^3，农田灌溉亩均用水量为436 m^3。2000—2012年，太湖流域水资源利用效率的重要用水指标的变化趋势见图4.1。

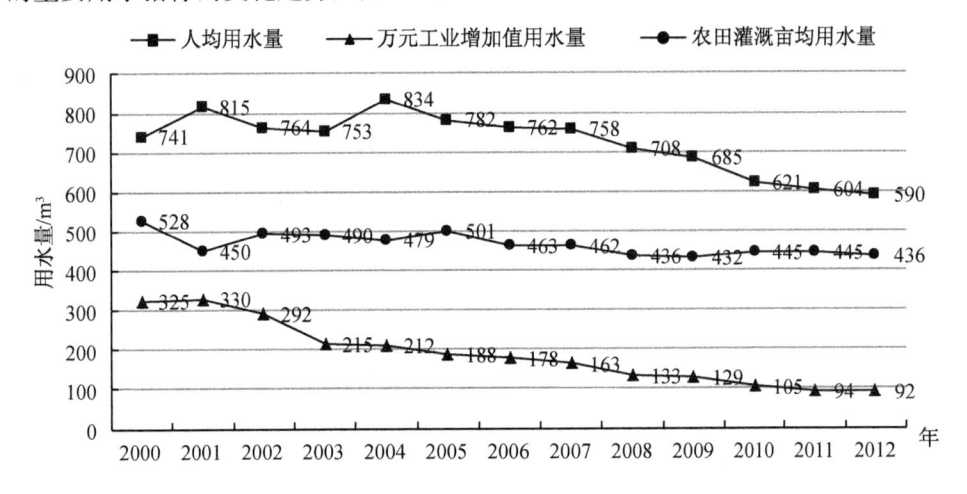

图4.1 太湖流域主要用水指标的变化趋势

从图4.1可以看出，2000—2012年，太湖流域人均用水量总体呈下降趋势，由2000年的741 m^3减少到2012年的590 m^3，净减151 m^3；太湖流域万元工业增加值用水量总体呈稳步下降趋势,2000—2007年降幅较大,从2008年开始降幅度逐步趋缓;太湖流域农田灌溉亩均用水量总体呈明显下降趋势,由2000年的325 m³减少到2012年的92 m³,净减233 m³。因此,2000—2012年际太湖流域的水资源利用效率水平在不断地提高。

4.3.1.2 水资源利用面临的主要问题

(1) 流域本地水资源严重短缺,水资源承载力不足

太湖流域水资源承载能力不足,难以有效支撑流域经济社会的快速发展。人口和产业均高度集中的太湖流域,2012年实际用水量已达到349.5亿 m³,远高于本地水资源量的供给量157.9亿 m³。为了保障流域内各省区社会经济的长期持续发展,需通过"开源节流"的方式来弥补本地水资源的不足,即通过引长江和钱塘江水的"开源"方式,以及提高流域水资源有效利用率的"节流"方式。虽然太湖流域通过治太骨干工程建设实现流域水资源调控能力的提升,但流域沿江引排能力不足。同时,流域季节性缺水特征明显,特别是枯水期互相争水使供用水矛盾加剧。因此,太湖流域迫切需要进一步加强工程措施和管理能力,提高水资源承载力。

(2) 与水资源短缺并存的是水资源浪费严重

供水工程方面,由于工程体系的不完善,尚不能实现水资源时空分布的有效调控和优化配置。环湖大堤标准较低,太湖调蓄能力不高,严重影响太湖流域水资源的高效利用;在农业灌溉方面,流域水稻大多以漫灌为主,无灌溉定额,使得农业水资源利用效率相对较低;在工业用水方面,太湖流域万元工业增加值用水量、万元GDP用水量与全国平均用水量水平相比较高,但与发达国家或地区相比差距较大;不少企业存在"优水劣用"的现象,造成水资源的无效利用;同时流域内仍存在用水浪费、节水器具普及率较低等问题。

(3) 流域管理与省区管理相结合的水资源管理体制有待完善

太湖流域在贯彻最严格水资源管理制度的过程中,虽然取得一定的成效,但也存在一些问题有待完善,需进一步理顺流域与省区管理事权,落实管理责任,建立流域与省市沟通与协商的平台。由于全社会统一和有序的水资源管理机制尚未建立,故存在部门之间职责不清的情况,甚至出现相互交叉的现象。同时水资源管理及配置的手段相对落后,还未充分引入市场机制,迫切需要研究建立符合流域实际、有利于流域水资源统一管理的体制和运行机制,与《水法》《太湖流域管理条例》相配套的流域性管理制度有待进一步完善。

4.3.2 太湖流域主要污染物排放趋势分析及面临的主要问题

4.3.2.1 太湖流域主要污染物排放趋势分析

"十二五"期间,太湖治理初见成效,饮用水安全得到有效保障,水环境质量稳中趋好。2012年太湖流域现状主要污染物COD入河湖量488 939.80 t/a,NH_3-N入河湖量48 379.82 t/a,TP入河湖量8 306.60 t/a,较2010年分别下降了3.64%、15.84%和14.42%。其中,COD入河湖量已经控制在其纳污能力547 055 t/a之内,污染物NH_3-N入河湖量和TP入河湖量仍大幅度超过其纳污能力(NH_3-N为37 487 t/a,TP为3 567 t/a)。在太湖流域现状主要污染物排放量按照工业、城镇生活和面源进行划分,以此统计2000—2012年太湖流域主要污染物入河湖量变化趋势,如图4.2所示。

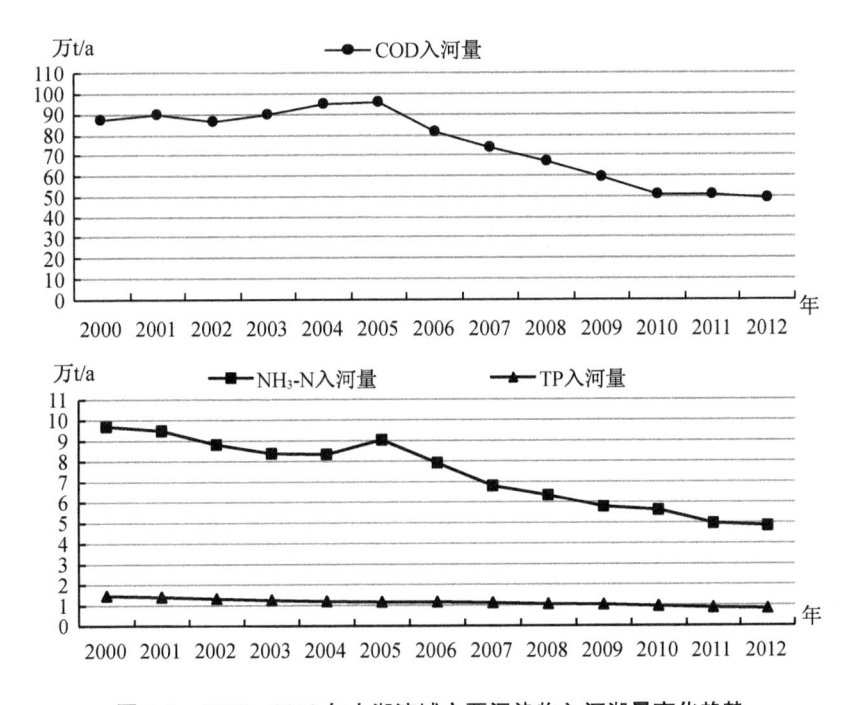

图 4.2　2000—2012年太湖流域主要污染物入河湖量变化趋势

从2000—2012年际间各省区主要污染物入河湖量变化趋势来看,太湖流域COD入河湖量2000—2002年呈下降趋势;2003—2006年际COD入河湖量不断增加,水质有恶化趋势;2004—2012年际COD入河湖量的下降趋势十分明显,COD入河湖量在2010年被控制到水功能区纳污能力之内,需巩固治理成果,提升治理水平。太湖流域NH_3-N和TP入河湖量2000—2012年总体呈下降趋势,水环境质量稳中趋好,但污染物排放量仍大幅度超过水功能区纳污能力,仍将是规划年减排的重点污染物控制指标。

4.3.2.2 主要污染物减排面临的主要问题

(1) 主要污染物减排压力很大

面对严格控制入河湖排污总量的要求,太湖流域主要污染物减排的压力很大。目前,太湖流域污染物现状入河湖总量仍超过限制排放量,尤其是污染物 NH_3-N 入河湖量和TP入河湖量仍大幅度超过水功能区纳污能力。随着经济社会的持续发展,污染物排放需求很有可能增加,污染物减排压力将可能会越来越大。另外,太湖流域生态系统退化,已逐步由草型湖泊向藻型湖泊转化,导致流域水体纳污能力降低,自净能力减小,干旱期河网水位偏低,换水周期长,生物多样性受到破坏,水生态环境受到严重威胁,恢复健康湖泊生态系统任务艰巨。

(2) 制约太湖流域水质改善的因素依然复杂

由于太湖湖体藻型生境已经形成,TP入河湖量大幅度超过其水功能区纳污能力,只要具备水文、气象等外部条件,不断累积的磷、氮等营养盐就可能导致太湖流域大规模暴发蓝藻,这些因素的异常变化会加大防控难度。因此,引起蓝藻大规模暴发的条件依然存在。目前,两省一市在考核污染物排放指标及河道水质时,未纳入TN指标,不利于太湖流域水质改善目标的实现。

(3) 流域河湖水污染严重,水质型缺水和饮用水水源地安全问题突出

由于环太湖地区经济的快速发展以及人口的高密度分布,水污染形势十分严峻,供水安全保障压力较大。流域水资源普遍受到不同程度的污染,2012年流域5 582.1公里评价河长中,Ⅰ~Ⅲ类水质河长占比仅为25.0%,未达到Ⅲ类水质标准的河长占比为75.0%,同时,湖泊富营养化问题依然严重,流域呈现常年水质型缺水,饮用水水源地安全受到严重威胁。污染负荷大量集中于沿海经济发达地区和城市密集地区,使得水污染问题更加严重,甚至直接影响人们正常的生活和生产活动。

4.4 太湖流域省区初始水权量质耦合配置的必要性与可行性分析

4.4.1 太湖流域省区初始水权量质耦合配置的必要性分析

系统梳理太湖流域在水资源开发利用过程中面临的主要问题,可知,太湖流域资源型缺水和水质型缺水的双重矛盾并存,水资源浪费严重,水资源承载力和水环境承载力严重不足,且制约太湖流域水质改善的因素依然复杂。面向最严格的水资源管理制度的要求,以"三条红线"为控制基准,制定太湖流域省区初始水权量质

耦合配置方案是流域实施用水总量控制、推进节水型社会建设、提高经济发展与流域水资源水环境承载力的协调能力、加强流域水资源有效管理的必然要求。

（1）实施最严格水资源管理制度的需要

1978年以来，我国经济社会得到了快速的发展，但由于发展方式粗放，水资源短缺、水环境恶化和水生态退化等一系列水问题日益突出。因此，《决定》（中发[2011]1号）明确提出要实行最严格水资源管理制度，以缓解我国日益突出的水问题。《意见》（国发[2012]3号）提出加快制定主要江河流域水量配置方案，建立覆盖流域和省市县三级行政区域的取用水总量控制指标体系，实行流域和省区取用水总量控制。太湖流域需要结合最严格水资源管理制度的要求，制定省区初始水权配置方案，完成该流域的水量配置工作。

（2）提高流域水资源水环境承载力的需要

太湖流域的本地水资源短缺，主要靠从长江、钱塘江等引水，以及提高重复利用率的方式来弥补本地水资源的短缺问题。另外，流域全年期水质总体较差，湖泊富营养化严重，甚至连饮用水水源地安全也存在威胁。因此，资源型缺水和水质型缺水的双重矛盾并存。流域水资源水环境承载力不足，导致流域省区初始水权配置难以支撑经济发展的用水需求。随着流域内各省区城市化进程的加快，最严格水资源管理制度的逐步实施，对流域水资源的高效利用提出了更严格的要求。为适应流域经济社会的发展需求，必须制定太湖流域省区初始水权配置方案，通过对流域重要河湖水量的合理调配，促进流域水资源水环境承载力相协调。

（3）加强流域水资源有效管理的需要

太湖流域河道纵横交错，感潮河段水流往复不定，水文情势复杂。近年来，为满足各省区的发展需要，环太湖及流域重要引供水河道周边各省区均提出扩大从太湖、望虞河、太浦河等河湖直接取水规模的要求，但因尚无适应最严格水资源管理制度要求的省区初始水权配置方案的有力支撑，相关审批缺乏依据。为规范流域内各省区的用水秩序，提高用水效率，缓解水资源供需矛盾，以及减少流域省际水事纠纷，迫切需要制定适应最严格水资源管理制度要求的省区初始水权配置方案，提高流域综合管理能力和水平。

4.4.2 太湖流域省区初始水权量质耦合配置的可行性分析

（1）人文素质高有利于省区初始水权配置工作的顺利开展

太湖流域省区初始水权配置涉及各省区的切身利益，需要各省区的积极参与和支持。太湖流域作为一个经济发展水平相对较高的地区，若要保持其经济在未来具有持续稳定的增长态势,需要水资源的有力支撑。因此,流域各省区对水资源利用的重视程度较高。省区初始水权配置是市场经济下的产物,流域市场经济发展程度较高,人们的市场经济意识较强,更愿意为保护水权配置成果做出努力。同时,为提高自己的水资源利用效率,人们愿意通过协商而非引发冲突的方式来获取水资源。因此,流域实施省区初始水权配置具有良好的社会、经济和群众基础。

(2) 已有典型流域初始水权配置成功案例的指导

当前我国部分流域已经开展了省区初始水权配置工作,例如黄河流域、大凌河流域、黑河流域等,取得了良好的效果,并积累了许多宝贵的经验。这些为太湖流域省区初始水权配置奠定了良好的基础,可以为太湖流域省区初始水权配置提供借鉴和指导作用。在水资源管理方面,取水许可制度已经在我国得到全面实施,取用水环节也基本实现有效管理。这些都为太湖流域实施省区初始水权配置奠定了坚实的基础。基于以上分析,可知太湖流域有实施省区初始水权配置的强烈需求,也初步具备开展省区初始水权配置工作的条件。

4.5 本章小结

本章通过对太湖流域自然、社会经济、流域治理、流域内水资源开发利用状况以及流域初始水权配置实践经验进行了介绍及分析,总结太湖流域的初始水权配置实践。从用水趋势及主要污染物排放趋势两个角度得出了太湖流域省区初始水权量质耦合配置过程中所面临的主要问题,在此基础上分析太湖流域开展水权量质耦合配置必要性及可行性,认为对太湖流域初始水权量质耦合配置需适应最严格水资源管理制度,以"三条红线"为控制基准。

第二篇　方案设计篇

　　基于太湖流域初始水权量质耦合配置的基础性分析结论,以用水总量控制、用水效率控制和纳污量控制为基准,本篇对太湖流域初始水权量质耦合配置方案进行设计,并分为逐步寻优的三个阶段:第一阶段,太湖流域初始水量权差别化配置方案设计,分情景确定太湖流域初始水量权配置方案。第二阶段,太湖流域初始排污权(水质)配置方案设计。利用基于纳污控制的流域初始排污权 ITSP 配置模型,计算获得不同减排情形下太湖流域江苏省、浙江省和上海市的 3 个初始排污权配置方案。第三阶段,太湖流域初始水权量质耦合配置方案设计。从政府强互惠的角度入手,构建了基于 GSR 理论的流域初始水权量质耦合配置模型,计算获得不同用水效率约束情景和减排情形下的 9 个太湖流域初始水权量质耦合配置方案。

第 5 章
太湖流域初始水量权差别化配置方案设计

在用水总量控制要求下,如何有效嵌入用水效率控制约束,实现太湖流域初始水量权的有效配置,是当前水资源管理理论和实践面临的一个重要课题。面向最严格水资源管理制度的要求与制约,本文将利用情景分析法刻画用水效率控制约束情景,分情景研究用水总量控制下的太湖流域初始水量权差别化配置。根据太湖流域初始水量权的配置原则,结合关于配置模式选择的分析结论,设计太湖流域初始水量权差别化配置指标体系,以区间数描述配置过程中存在的不确定信息,设置及描述用水效率控制约束情景,构建量化融合多指标的动态区间投影寻踪配置模型,并利用 GA 技术进行求解。

5.1 差别化配置的基本原则、主客体及基本思路

5.1.1 太湖流域初始水量权差别化配置的基本原则

根据太湖流域初始水权量质耦合配置的指导思想,借鉴我国典型流域的初始水权配置实践,面对太湖流域水资源利用面临的主要问题,结合太湖流域的水资源利用情况以及水量权配置实践,确定太湖流域初始水量权配置的基本原则。

(1) 用水总量控制原则

《水法》、中央一号文件、《水量分配暂行办法》及《太湖流域管理条例》等一系列法律法规和政策性文件,都提出要实施用水总量控制制度,故在太湖流域开展水量权配置时,应遵循用水总量控制原则,符合我国及太湖流域的基本国情和水情。用水总量控制是指太湖流域在开展初始水量权配置时,须充分考虑流域水资源承载能力、水资源开发利用现状以及未来各区域的经济社会发展用水需求,在水资源总量上低于流域可配置水资源总量。太湖流域用水总量控制,有利于提高水资源高

效利用,间接减少污水排放,促进节水减污型社会建设。因此,在太湖流域初始水量权的配置过程中,须坚持用水总量控制原则,以供定需,量水而行,提高节水能力,促进水资源的可持续高效利用,以及经济社会的高质量绿色发展。

(2) 生活饮用水[①]、生态用水优先保障原则

借鉴湘江流域水量分配方案的生活、生态、生产的分配优先序,优先保证生活用水,保证生态,优先生态用水,在太湖流域初始水量权配置过程中,遵循饮用水、生态用水优先保障原则。生活饮用水优先供给是对流域内人口基本用水权的保障,在流域内人口最基本的生存权利面前,人人平等享有,体现水权作为一种公共资源的社会属性,有利于维持社会安定。生态用水是指维持河道外生态环境不再继续恶化所需要的基本生态环境用水量,用水功能是保障河道外植被生存和正常生态用水消耗,维护河湖水生态健康[210]。在太湖流域初始水量权配置过程中,应该在保障流域内基本生活饮用水的前提下,优先保障河道外生态用水,促进太湖流域的绿色发展。

(3) 充分尊重流域内各区域的发展差异原则

在太湖流域初始水量权配置过程中,从配水公平性的角度出发,在综合考虑流域内各区域用水习惯及用水现状、水资源禀赋、用水价值形成规律的基础上,尊重流域内各区域的现状用水差异;同时,尊重流域内各区域的未来经济社会发展用水需求差异,流域内各区域的现状用水差异,体现尊重太湖流域内各区域的用水习惯的思想;充分尊重太湖流域内各区域的水资源自然禀赋差异,更符合水循环规律,提高水权配置的公平性;充分尊重太湖流域内各区域的未来经济社会发展需求差异,可促进经济社会的可持续发展。

(4) 用水效率控制约束原则

太湖流域管理局按照"三条红线"的要求,开展提高用水效率工作,以提高水资源的综合利用效率。2012 年太湖流域农田灌溉亩均用水量为 436 m^3,高于全国平均水平 404 m^3,低于长江流域 443 m^3,可知太湖流域的农业用水效率水平低于全国平均水平,而高于长江流域;2012 年太湖流域万元工业增加值用水量为 95 m^3,均高于长江流域 91 m^3 与全国平均水平 69 m^3,可知太湖流域的工业用水效率水平均低于长江流域与全国平均水平。由此可见,太湖流域初始水量权配置亟须促进用水效率的提高。

---

① 生活饮用水(Drinking water)是指供人生活的饮水和生活用水,源自《生活饮用水卫生标准》(GB 5749—2006)。

5.1.2 太湖流域初始水量权差别化配置主体及客体

(1) 配置主体的确定

参考我国典型流域初始水量权配置实践,及《水法》《取水许可和水资源费征收管理条例》(简称《条例》)等法律法规文件,确定初始水量权的配置主体包括作为配置主导者的中央政府或太湖流域管理局,以及作为受益者的江苏省、浙江省和上海市政府相关部门。其中,中央政府或太湖流域管理局具有宏观调控的权力,江苏省、浙江省和上海市政府相关部门持有取水权、用水权以及所辖区域的配置权。太湖流域管理局负责组织、制定以及实施流域水量权配置方案,同时,根据《水法》第45条规定,"流域管理机构需要与各省级政府协商制定各省区的水权配置量",其中,水权是指水量权。该法规可提高配置结果的可接受性。

(2) 配置客体的确定

根据太湖流域水资源条件和《太湖流域水资源规划(2012—2030)》相关成果,核定规划年2020年太湖流域河道外取水许可总量控制指标为339.9亿 m^3(包括各省区直接引江水量)。因此,在太湖流域初始水量权配置过程中,339.9亿 m^3(包括各省区直接引江水量)是太湖流域初始水量权配置的客体。

5.1.3 太湖流域初始水量权差别化配置思路

面向最严格水资源管理制度的硬性约束,针对太湖流域初始水量权配置中存在的问题和不足,综合考虑太湖流域水资源利用状况,根据太湖流域初始水量权的配置原则,借鉴我国典型流域的初始水权配置实践,结合水量权配置模式选择的分析结论,本书设计两个关键步骤予以解决:

(1) 设计太湖流域初始水量权差别化配置指标体系。首先,根据用水总量控制原则和充分尊重太湖流域内各区域的发展差异原则,基于生活饮用水和生态用水已优先确定而不参与多指标综合配置的事实,在综合考虑省区现状用水差异、资源禀赋差异和未来发展需求差异3个影响因素的基础上,设计表征太湖流域差别化配置影响因素的指标体系;其次,利用情景分析理论和区间数理论,识别影响太湖流域用水效率控制约束强弱的关键情景指标,以区间数描述不确定信息,分析太湖流域与我国部分水资源一级区、世界部分高收入国家的水资源利用效率差异,分类设置用水效率控制约束强弱变化的情景;最后,构建太湖流域初始水量权差别化配置指标体系框架。

(2) 配置模型构建及求解。首先,为实现用水总量控制下太湖流域初始水量权的差别化配置,结合区间数理论和PP技术,构建动态区间投影寻踪配置模型;

其次,通过 Matlab7.0 软件,利用 GA 技术求解上、下限投影目标函数,并构造有效性判别条件1和条件2,将通过两个判别条件的优化解,确定为最佳投影方向以及一维优化投影值,计算获得不同用水效率控制约束情景下各省区的初始水量权的配置区间量。

5.2 多情景约束下太湖流域初始水量权差别化配置指标体系

5.2.1 太湖流域初始水量权差别化配置影响因素及表征指标

差别化配置是相对于绝对平等配置而言的,是在充分承认太湖流域各区域差异基础上的差额分配,而不是等比例分配或等量分配[231]。用水总量控制下太湖流域初始水量权差别化配置的内涵为:基于用水总量(2020年太湖流域河道外取水许可总量控制指标为 339.9 亿 m^3)控制的要求,以协调上下游左右岸不同区域的正当用水权益、推动经济社会发展与水资源水环境承载力相协调为目的,以优先确定生活饮用水和生态用水、用水总量控制、充分尊重太湖流域内各省区差异为太湖流域初始水量权配置原则,从公平性的角度出发,尊重各太湖流域历史用水习惯和客观用水现状、自然资源形成规律、用水价值形成规律,综合考虑太湖流域现状用水差异、资源禀赋差异和未来发展需求差异3个影响因素,由中央政府或太湖流域管理局(配置主体),确定2020年太湖流域内各省区初始水量权的过程。

结合以上内涵,基于生活饮用水和生态用水已优先确定而不参与多指标综合配置的事实,运用文献阅读法、频度分析法、成果借鉴法、理论分析法、专家咨询法等方法,系统梳理相关研究成果[7,14,201,231,232],结合太湖流域用水现状,在考虑数据代表性、可得性、实用性和独立性的基础上,初步设计表征配置影响因素的指标体系。设定专家共识度水平为0.9,运用动态权重的群组交互式决策方法[233],促使配置主体在群决策过程中,快速达成相对一致的共识,设计基于流域综合满意度最大的表征配置影响因素的指标体系。

(1) 太湖流域现状用水差异。考虑太湖流域历史用水习惯和客观用水现状差异,可以避免各地因水量发生太大变动而对当前用水格局产生较大的影响,提高配置方案的可接受度。本研究选择现状用水量(亿 m^3)、人均用水量(m^3)和单位面积用水量(m^3)指标表征现状用水的太湖流域异质性。这3个指标能有效反映太湖流域的现状用水情况,直接影响水量在太湖流域各省区间的差别化配置结果。

(2) 太湖流域水资源禀赋差异。充分考虑太湖流域所辖人口、面积、水资源量等资源禀赋差异,是尊重太湖流域水资源承载力的表现,更符合自然规律,具有公平合理的特征。本研究选择人口数量(万人)、区域面积(km^2)、多年平均径流量(亿 m^3)和多年平均供水量(亿 m^3)作为反映太湖流域资源禀赋差异的表征指标,可保障太湖流域初始水量权配置的社会公平性和自然公平性。

(3) 太湖流域未来发展需求差异。太湖流域初始水量权配置须体现太湖流域经济发展需水及用水节水结构的变化趋势,以便提高利益相关者的满意度,促进规划年太湖流域经济的发展。本研究选择人均需水量(不含火核电)(m^3)和万元GDP 需水量(m^3)作为表征太湖流域未来发展需求差异的指标。

基于上述分析,构建太湖流域初始水量权差别化配置指标体系,并根据各指标内涵解析,确定各指标属性。其中,指标属性为成本型,表示指标值越大所应配置到的水量权越少;指标属性为效益型,表示指标值越大所应配置到的水量权越多;指标属性为适中型,表示指标值越接近适中值所应配置到的水量权越多。具体如表 5.1 所示。

在表 5.1 中,本章将表征太湖流域现状用水差异的人均用水量指标和亩均用水量指标的属性归为适中型,理由如下:人均用水量和亩均用水量作为表征太湖流域现状用水差异的指标,在以往的研究中,常将二者归为效益型指标[14, 168, 206],即为体现尊重现状的原则,指标值越大应分配越多的水量权。若某基准年太湖流域人均用水量和亩均用水量的高水平是由水资源无效利用造成的,不符合国家的相关用水定额的规定,在水量权初始配置时仍配置给该太湖流域较多的水量权,则与最严格水资源管理制度的思想不符,难以实现水资源的有效配置。因此,本章认为表征太湖流域现状用水差异的人均用水量指标和亩均用水量指标的属性为适中型,表示指标值越接近适中值所应配置到的水量权越多。其中,适中值的确定将根据流域内太湖流域的取水定额标准、相关规划与规范、技术导则等具体情况而定。

表 5.1　太湖流域初始水量权差别化配置影响因素及表征指标

影响因素	表征指标	指标解释	属性
太湖流域现状用水差异	现状用水量(亿 m^3)	反映太湖流域现状用水差异,指为了满足当前的生活生产用水,太湖流域在流域水资源供给能力之内所取用的水资源量。	效益型
	人均用水量(m^3)	反映太湖流域现状人均用水差异,可用各省区的现状用水量除以太湖流域人口计算得到。	适中型
	亩均用水量(m^3)	反映太湖流域亩均用水差异,可用太湖流域各省区的现状用水量除以相应省区面积计算得到。	适中型

续表

影响因素	表征指标	指标解释	属性
太湖流域水资源禀赋差异	人口数量(万人)	反映太湖流域水源地所辖人口具有平等的用水权,体现了初始水量权配置的公平性。	效益型
	区域面积(km^2)	反映太湖流域水源地所辖面积具有平等的用水权,具有自然合理性。	效益型
	多年平均径流量(亿m^3)	反映太湖流域各省区的多年平均产水量差异,尊重水源地优先的原则,产水量越多表明各省区的资源禀赋越好。	效益型
	多年平均供水量(亿m^3)	反映太湖流域的多年平均供水能力差异,依靠的是现有供水工程规模。	效益型
太湖流域未来发展需求差异	人均需水量(m^3)	太湖流域的规划年需水量与所辖人口之比,反映太湖流域各省区的需水规模差异。	成本型
	万元 GDP 需水量(m^3)	反映太湖流域规划年2020年同等经济水平下的需水差异。	成本型

注:鉴于行政区划与流域区划的不完全重合性,表中指标值是指行政区划中属于该流域部分的指标值

5.2.2 用水效率控制约束情景设定及描述

通过提高用水效率,可以合理遏制用水增长、缓解水资源供需矛盾和减轻水环境污染负荷。我国相关规划文件明确提出,要通过用水效率控制红线管理,全面推进节水型社会建设,用水效率管理目标为到2030年用水效率达到或接近世界先进水平。在太湖流域初始水量权的配置过程中,需嵌入用水效率约束,将各省区工业、农业和生活的综合用水效率水平作为影响初始水量权配置的重要因素,如农田灌溉亩均用水量(m^3)、万元工业增加值用水量(m^3)和城镇供水管网漏失率(%)等节水指标,激励一些高耗水企业或者用水效率低下企业改造节水技术,促进水资源配置的优化和产业结构的调整。

情景(Scenario)是对某些不确定性事件在未来几种潜在结果的一种假定[234,235]。规划年用水效率控制约束的强弱程度不仅仅着眼于过去和现状,更重要的是展望未来,而用水效率控制约束情景分析是实现从历年及现状年到规划年合理过渡的新手段。因此,该方法具有适用性。本研究借助情景分析法刻画不同假设条件下用水效率控制约束强弱的变化。设定及描述用水效率控制约束情景的

研究过程如图 5.1 所示，主要步骤及方法为：

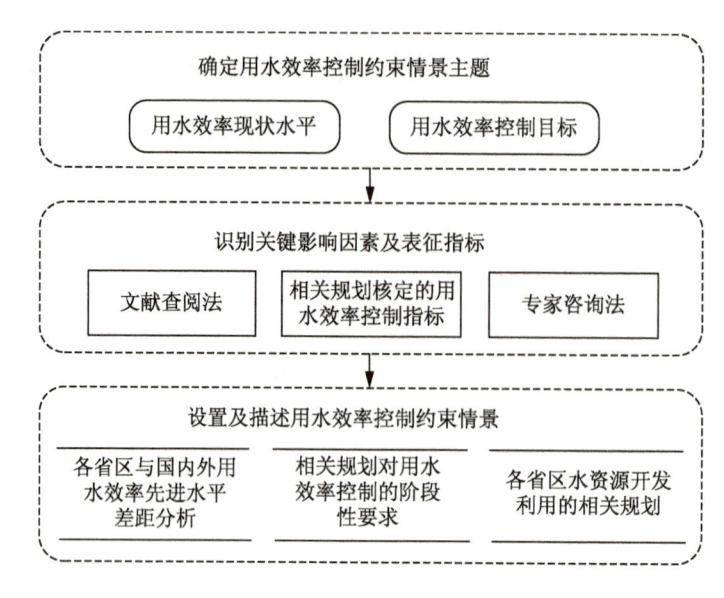

图 5.1 设定及描述用水效率控制约束情景的研究过程

（1）用水效率控制约束情景主题的确定

为确定用水效率控制约束情景主题，需讨论两个研究对象：一是分析流域内各省区的现状用水效率，即流域内各省区的工业用水效率、农业用水效率和生活用水效率现状；二是梳理相关规划对用水效率控制指标的阶段性要求及具体流域规划年用水效率控制指标分解的研究成果。基于以上分析可知，用水效率红线约束的情景主题是识别和分析影响用水效率红线约束强弱的影响因素，简称为用水效率控制约束的强弱，具体如图 5.2 所示。

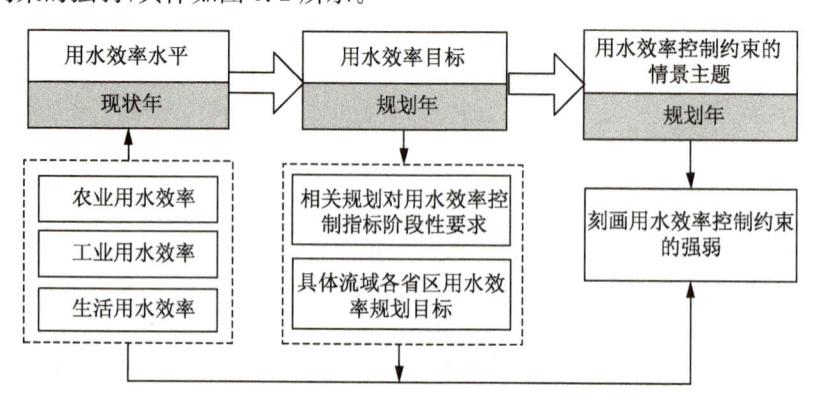

图 5.2 确定情景主题过程中各研究对象间的关系

(2) 识别关键影响因素及表征指标

刻画用水效率控制约束情景主题的影响因素有多个,重点是识别影响用水效率控制约束强弱的关键影响因素。目前,该类研究主要是以工业、农业和生活用水效率水平反映某省区的综合用水效率水平,表征影响因素的指标主要包括农田灌溉亩均用水量、农田灌溉水有效利用系数、农业用水重复利用率、万元工业增加值用水量、工业用水重复利用率、人均生活用水量和城镇供水管网漏失率等[7,14,15,19]。鉴于相关规划文件①确定的用水效率控制指标为农田灌溉水有效利用系数和万元工业增加值用水量,在比较数据的可得性与表征效果之后,识别关键影响因素的表征指标为——农田灌溉亩均用水量(m^3)、万元工业增加值用水量(m^3)和城镇供水管网漏失率(%)。

结合农田灌溉亩均用水量、万元工业增加值用水量和城镇供水管网漏失率三个指标的内涵,确定关键影响因素的表征指标的约束规则及属性,具体见表5.2。

表5.2 关键情景影响因素表征指标的约束规则及属性

表征指标	指标内涵	约束规则	属性
农田灌溉亩均用水量(m^3)	各省区当年农业生产中每亩灌溉用水量的均值水平,即农田灌溉水资源的耗水水平,反映农业发展对水资源的利用效率。	农田灌溉亩均用水量越小,用水效率控制约束越强。	成本型
万元工业增加值用水量(m^3)	工业用水量与工业增加值之比[236],表示工业经济发展对水资源的利用效率,是反映水资源在工业上综合利用效率的重要指标。	万元工业增加值用水量越小,用水效率控制约束越强。	成本型
城镇供水管网漏失率(%)	管网漏失水量与城镇供水总量之比,其中管网漏失水量是城镇供水总量与有效供水总量之差[237],用以反映生活用水效率水平。	城镇供水管网漏失率越小,用水效率控制约束越强。	成本型

(3) 设置及描述用水效率控制约束情景

我国水资源管理相关文件②明确提出用水效率管理目标为到2030年用水效率达到或接近世界先进水平,同时,确定了2020年用水效率管理目标。为了描述具体流域分阶段用水效率控制约束情景,需从以下两个方面着手:①分析具体流域各省区与国内外用水效率先进水平的差距;②在明确具体流域各省区与国内外用

---

① 主要是指2012年国务院3号文件《关于实行最严格水资源管理制度的意见》。
② 主要是指2012年国务院3号文件《关于实行最严格水资源管理制度的意见》。

水效率先进水平差距的基础上,根据相关规划提出的用水效率控制阶段性要求,结合具体流域各省区水资源现状用水水平、经济社会发展规模与趋势、相关节水规划等,通过量化关键影响因素的表征指标,设置用水效率控制约束的三类情景。

设开展太湖流域初始水量权配置的省区为 i,配置指标为 j,时间样本点为 t,省区 i 对应于时间样本点 t 的配置指标 j 属性值为 $x_{ijt}^{\pm}$,其中,$i=1,2,\cdots,m$,$j=1,2,\cdots,n$,$t=1,2,\cdots,T$,m、n、T 分别为配置省区、时间样本点和配置指标的总量;"+"表示指标的上限值,"-"表示指标的下限值。

情景一:用水效率弱控制约束情景(Water Efficiency of Weak Control Constraints WECS1)。分阶段接近世界先进水平,即关键影响因素表征指标均以 α 的浮动接近相关规划及流域规划设置的用水效率最低控制目标,记为 $[(x_{ijt}^{-})_{s_1},(x_{ijt}^{+})_{s_1}]$,$j=j_1,j_2,j_3$ 分别表示三个表征指标的序号,s_1 表示用水效率控制约束情景 WECS1。

情景二:用水效率中控制约束情景(Water Efficiency of Moderate Control Constraints,WECS2)。分阶段达到世界先进水平,各指标的消减总量较 WECS1 时的下限值 $(x_{ijt}^{-})_{s_1}$ 消减 β,即 $[(x_{ijt}^{-})_{s_2},(x_{ijt}^{+})_{s_2}]=[(1-\beta)\cdot(x_{ijt}^{-})_{s_1},(x_{ijt}^{+})_{s_1}]$,$j=j_1,j_2,j_3$ 分别表示三个表征指标的序号,s_2 表示用水效率控制约束情景 WECS2。

情景三:用水效率强控制约束情景(Water Efficiency of Intensity Control Constraints,WECS3)。分阶段超过世界先进水平,各指标的消减总量较约束情景 WECS2 时的下限值 $(1-\beta)(x_{ijt}^{-})_{s_1}$ 消减 η,即 $[(x_{ijt}^{-})_{s_3},(x_{ijt}^{+})_{s_3}]=[(1-\beta)\cdot(1-\eta)\cdot(x_{ijt}^{-})_{s_1},(1-\beta)\cdot(x_{ijt}^{-})_{s_1}]$,$j=j_1,j_2,j_3$ 分别表示三个表征指标的序号,s_3 表示用水效率控制约束情景 WECS3。

其中,α、β 和 η 是区间 $[0,1]$ 上的消减比例参数,其数值越接近于 1,用水效率控制约束越强;消减比例参数值的取值视具体流域内各省区与国内外用水效率先进水平的差距而定。

5.2.3 用水效率多情景约束下差别化配置指标体系框架

基于上述分析,构建用水效率多情景约束下太湖流域初始水量权差别化配置指标体系框架,具体如图 5.3 所示。

5.3 配置模型的构建及求解方法

太湖流域初始水量权配置的配置对象是流域可配置水资源量,主要包括在河

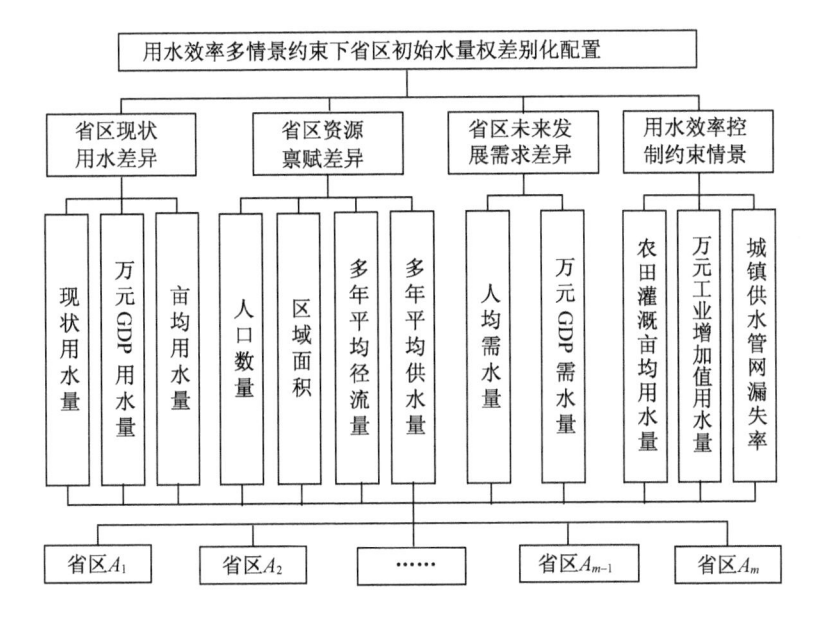

图 5.3　多情景约束下太湖流域初始水量权差别化配置指标体系

道外取水的用于河道外生活、生产（农业、工业、第三产业）、生态用水总量。考虑到太湖流域初始水量权配置过程中需遵循生活饮用水、生态用水优先保障原则。因此，可将用太湖流域初始水量权配置过程分为两个阶段：一是优先依次确定太湖流域的生活饮用水量权和生态用水量权；二是对扣除太湖流域生活饮用水和生态用水总量后的可分配水资源量，结合多情景约束下太湖流域初始水量权差别化配置指标体系，构建用于分配太湖流域初始水量权的配置模型。

5.3.1　配置模型的构建

5.3.1.1　优先确定太湖流域的生活饮用水和生态用水的初始水量权

（1）确定规划年 t 省区 i 的生活饮用水初始水量权 W_{it}^L

在考虑省区 i 的暂住人口变化、水资源管理水平等因素的基础上，遵循"就高不就低"原则，预测规划年 t 省区 i 的年平均生活饮用水定额 WM_{it}^L，万 m³，在此基础上确定规划年 t 省区 i 的城乡居民生活饮用水初始水量权 W_{it}^L，万 m³，计算公式为

$$W_{it}^L = P_{it} \cdot WM_{it}^L \tag{5.1}$$

其中，P_{it} 为规划年 t 省区 i 的人口数目，万人；WM_{it}^L 为规划年 t 省区 i 的年平均生活饮用水定额，m³/人·年。

(2) 确定规划年 t 省区 i 的河道外生态初始水量权 W_{it}^E

生态环境用水是绿化环境,评价经济社会可持续发展的基本指标之一,河道外生态环境用水主要包括城镇绿地生态用水量、林草植被建设用水量、湖泊沼泽湿地生态环境补水量等,具体内容将根据省区的实际情况而定。为防止生产用水超计划挤占生态环境用水、生态环境恶化等现象的发生,在优先配置生活初始水量权的基础上,确定规划年 t 省 i 的河道外生态初始水量权 W_{it}^E,万 m³,计算公式为

$$W_{it}^E = W_{it}^{Eg} + W_{it}^{Ec} + W_{it}^{Ea} + W_{it}^{El} + W_{it}^{Ew} \tag{5.2}$$

其中,W_{it}^{Eg} 为规划年 t 省区 i 的城镇绿地生态用水量,万 m³;W_{it}^{Ec} 为规划年 t 省区 i 的城镇环境卫生用水量,万 m³;W_{it}^{Ea} 为规划年 t 省区 i 的林草植被建设用水量,万 m³;W_{it}^{El} 为规划年 t 省区 i 的湖泊生态环境补水量,万 m³;W_{it}^{Ew} 为规划年 t 省区 i 的沼泽湿地生态环境补水量,万 m³。

5.3.1.2 动态区间投影寻踪配置模型的构建

将扣除各省区生活饮用水、生态环境用水权总量后,得到的规划年 t 流域可分配水资源量记为 W_t^{Po},亿 m³,计算公式为

$$W_t^{Po} = W_t^0 - \sum_{i=1}^m W_{it}^L - \sum_{i=1}^m W_{it}^E \tag{5.3}$$

其中,W_t^0 为规划年 t 流域可分配水资源量,亿 m³;W_{it}^L 为规划年 t 省区 i 的生活饮用水初始水量权,亿 m³;W_{it}^E 为规划年 t 省区 i 的河道外生态初始水量权,亿 m³;m 为参与配置的省区总数,个。

在遵循生活饮用水、生态用水优先保障原则的基础上,为实现兼顾用水总量控制原则、充分尊重省区差异原则和用水效率控制约束原则的省区初始水量权配置,构建动态区间投影寻踪配置模型,主要理由如下:一是动态投影寻踪技术相对于传统初始水权配置方法或技术,能够在分阶段客观提取配置指标信息的情况下,将非正态非线性高维数据转化为一维数据,反映数据的动态性,并可克服传统方法需要确定时间与指标权重的困难;二是在省区初始水量权配置过程中,由于各个省区的发展变化及水资源开发利用具有不确定性,采取某一点数值作为某些配置指标值具有片面性,需引入区间数表示其属性值,以区间数描述不确定现象或事物的本质和特征,可有效地减少由于测量、计算所带来的数据误差及信息不完全对计算结果带来的影响[212, 214]。基于动态区间投影寻踪的初始水量权配置模型的计算步骤为:

Step1:配置指标值的无量纲化处理。设 J_1 表示效益型配置指标的下标集,J_2

表示成本型配置指标的下标集，J_3 表示适中型配置指标的下标集，而适中型配置指标可以转化为成本型配置指标[238]，故这里仅对效益型配置指标和成本型配置指标的无量纲化处理方法进行说明。为了消除各指标值的量纲，根据区间数的运算法则[214]，采用公式（5.4）和公式（5.5）将配置指标矩阵 $X_t = (x_{ijt}^{\pm})_{m \times n}$ 转化成规范化矩阵 $Y_t = (y_{ijt}^{\pm})_{m \times n}$。

$$\begin{cases} y_{ijt}^{-} = x_{ijt}^{-} \Big/ \sqrt{\sum_{i=1}^{m} (x_{ijt}^{+})^2}; \\ y_{ijt}^{+} = x_{ijt}^{+} \Big/ \sqrt{\sum_{i=1}^{m} (x_{ijt}^{-})^2}. \end{cases} \quad j \in J_1 \tag{5.4}$$

$$\begin{cases} y_{ijt}^{-} = (1/x_{ijt}^{+}) \Big/ \sqrt{\sum_{i=1}^{m} (1/x_{ijt}^{-})^2}; \\ y_{ijt}^{+} = (1/x_{ijt}^{-}) \Big/ \sqrt{\sum_{i=1}^{m} (1/x_{ijt}^{+})^2}. \end{cases} \quad j \in J_2 \tag{5.5}$$

Step2：构造投影目标函数。投影目标函数是将数据从高维降为一维所遵循的规则，也是寻找最优投影方向的依据，合理选择描述感兴趣结构的投影目标函数是投影寻踪方法能否成功的关键[215]。具体步骤分为：

① 对于省区 i，采用投影寻踪技术把对应于时间样本点 t 的 n 维数据 $\{y_{ijt}^{-}, j=1,2,\cdots,n\}$、$\{y_{ijt}^{+}, j=1,2,\cdots,n\}$ 分别综合成以 $a_t' = \{a_{1t}', a_{2t}', \cdots, a_{nt}'\}$ 和 $a_t'' = \{a_{1t}'', a_{2t}'', \cdots, a_{nt}''\}$ 为投影方向的一维投影值 $Z_{it}^{\pm}$：

$$Z_{it}^{-} = \sum_{j=1}^{n} a_{jt}' y_{ijt}^{-}; \quad Z_{it}^{+} = \sum_{j=1}^{n} a_{jt}'' y_{ijt}^{+} \tag{5.6}$$

不妨先构建下限投影目标函数：

$$Q^{-}(a_{jt}') = S_{Z_{it}^{-}} \cdot D_{Z_{it}^{-}}$$

$$\text{s.t.} \begin{cases} S_{Z_{it}^{-}} = \sqrt{\dfrac{1}{m-1} \sum_{i=1}^{m} [Z_{it}^{-} - E(Z_{it}^{-})]^2} \\ D_{Z_{it}^{-}} = \Big[\sum_{i_1=1}^{m} \sum_{i_2=1}^{m} (R_t^{-} - r_t^{-}(i_1, i_2)) \cdot u(R_t^{-} - r_t^{-}(i_1, i_2)) \Big] \end{cases} \tag{5.7}$$

其中，$S_{Z_{it}^{-}}$ 表示投影数据总体的离散度，$D_{Z_{it}^{-}}$ 表示投影数据的局部密度，$E(Z_{it}^{-})$ 为序

列 $\{Z_{it}^-|i=1,2,\cdots,m\}$ 的平均值；R_t^- 为局部密度的窗口半径，一般可取值为 $0.1S_{Z_{it}^-}$；$r_t^-(i_1,i_2)$ 为一维投影下限值之间的距离；$u(k)$ 为单位阶跃函数，当 $k \geq 0$ 时，其函数值为 1，当 $k<0$ 时，其函数值为 0。

② 优化投影目标函数。根据投影原理，不同的投影方向反映不同的数据结构特征，最佳投影方向最大可能暴露配置指标矩阵的数据结构特征[239]。因此，可通过求解下限投影目标函数最大化问题来确定最佳下限投影方向。即

$$\begin{cases} \max Q^-(a'_{jt}) = S_{Z_{it}^-} \cdot D_{Z_{it}^-} \\ \text{s.t.} \begin{cases} -1 \leq a'_{jt} \leq 1; \\ \sum_{j=1}^n (a'_{jt})^2 = 1, \ t=1,2,\cdots,T. \end{cases} \end{cases} \quad (5.8)$$

这是一个以 $a'_t = \{a'_{1t}, a'_{2t}, \cdots, a'_{nt}\}$ 为变量的复杂非线性优化问题。

同理，可通过求解上限投影目标函数最大化问题来优化上限投影目标函数。对于指标值存在区间数的省区初始水量权差别化配置问题，构造两个非线性规划模型(5.8)和(5.9)：

$$\begin{cases} \max Q^+(a''_{jt}) = S_{Z_{it}^+} \cdot D_{Z_{it}^+} \\ \text{s.t.} \begin{cases} a'_{jt} \leq a''_{jt} \leq 1; \\ \sum_{j=1}^n (a''_{jt})^2 = 1, \ t=1,2,\cdots,T. \end{cases} \end{cases} \quad (5.9)$$

通过求解式(5.8)和式(5.9)这两个非线性规划模型，即可得到投影方向的最优解 a_t^* 和 a_t^{**}。

Step3：确定省区初始水量权差别化配置比例区间数。将投影方向的最优解 a_t^* 和 a_t^{**} 分别代入式(5.6)，得到省区 i 初始水量权配置的最佳投影值 $(Z_{it}^\pm)^* = [(Z_{it}^-)^*, (Z_{it}^+)^*]$，并对区间数 $(Z_{it}^\pm)^*$ 进行归一化处理，获得太湖流域初始水量权的配置比例区间数：

$$\widetilde{\omega}_{it}^\pm = (\widetilde{\omega}_{it}^-, \widetilde{\omega}_{it}^+)$$

$$= ((Z_{it}^-)^*/((Z_{it}^-)^* + \sum_{l \neq i}^m (Z_{lt}^+)^*), (Z_{it}^+)^*/((Z_{it}^+)^* + \sum_{l \neq i}^m (Z_{lt}^-)^*))$$

$$(5.10)$$

Step4：确定太湖流域初始水量权差别化配置结果。将规划年 t 省区 i 的初始

水量权的配置比例区间数 $\widetilde{\omega}_{it}^{\pm}$ 乘以 $W_t^{P_0}$,再加上其生活饮用水初始水量权和河道外生态初始水量权,可得,规划年 t 省区 i 的初始水量权配置区间量:

$$W_{it}^{\pm} = (\widetilde{\omega}_{it}^{-} \cdot W_t^{P_0} + W_{it}^{L} + W_{it}^{E}, \widetilde{\omega}_{it}^{+} \cdot W_t^{P_0} + W_{it}^{L} + W_{it}^{E}) \tag{5.11}$$

其中,$\widetilde{\omega}_{it}^{\pm}$ 为太湖流域初始水量权的配置比例区间数;$W_t^{P_0}$ 为扣除各省区生活饮用水、生态用水权总量后的规划年 t 的可分配水资源量,亿 m^3;W_{it}^{L} 为规划年 t 省区 i 的生活饮用水初始水量权,亿 m^3;W_{it}^{E} 为规划年 t 省区 i 的河道外生态初始水量权,亿 m^3。

5.3.2 模型的求解

从模型的构建过程可知,模型求解的核心环节是求非线性规划模型(5.8)和(5.9)的最优解,这两个模型的目标函数具有非线性、非正态特征,约束条件复杂。传统算法要求目标函数和约束条件连续、可微,在搜索过程中易陷入局部极小点,遗传算法可对该模型进行优化求解。基于遗传算法求解模型(5.8)和(5.9),优化投影方向,通过 Matlab7.0 软件予以计算实现。在规划年 t 情景类别 WECS1 下流域内各太湖流域的初始水量权配置比例区间量及配置区间量的求解,分两步完成:

(1) 采用遗传算法求解下限投影目标函数式(5.8),具体步骤如下:

Step1:随机运行智能优化算法—GA 求解器,记录省区 i 初始水量权配置的投影方向最优解及相应投影值的运行结果。首先,编写适应函数 FitFunt1.m 文件。

functionQ=FitFunt1(a)

$Y=(y_{ijt}^{-})_{m \times n}$;%Y 是经过归一化处理的情景类别

[m,n]=size(Y);%WECS1 下指标值矩阵

fori=1:m

Z(i)=0;

forj=1:n

Z(i)=Z(i)+a(j)*Y(i,j)%求一维投影值序列 Z_{ik}^{-}

end

end

S=std(Z);%求投影数据总体的离散度 $S_{Z_{ik}^{-}}$

fori=1:m

forj=1:m

r(i,j)=abs(Z(i)−Z(j));

end

end

r_max=max(max(r));R=r_max+n/2;%求局部密度的窗口半径 R_k^-

D=0;

for i=1:m%求投影数据的局部密度 $D_{Z_{ik}^-}$

for j=1:m

if R-r(i,j)>=0,D=D+(R-r(i,j));

else

D=D;

end

end

end

Q=-S*D%将最大值转化为最小值

其次,编写约束文件 FitFunt.m。

function[c,ceq]=FitFunt(a)

c=[a(1)∧2+a(2)∧2++a(3)∧2+a(4)∧2+a(5)∧2+a(6)∧2+a(7)∧2+a(8)∧2+...

a(n)∧2-1];

ceq=[];

最后,在 Matlab7.0 软件工作空间中输入命令 gatool,打开遗传算法的 GUI,在 Fitnessfunction 窗口输入@FitFunt1,在 Numberofvariables 窗口中输入变量数目 n,在 Constrainta 的 Bounds 中的 Lower 窗口中输入-ones(1,n),Upper 窗口中输入 ones(1,n),NonlinearConstraintfunction 窗口中输入@FitFunt,选中 Plotfunctions 中的 Bestfitness 和 Bestindividual 复选框,其他条件采用默认值,运行 50 次,依次记录规划年 t 在约束情景 s_1 下省区 i 初始水量权配置的投影方向的最优解 $((a_t)_{s_1}^*)_{k=1}^{50}$ 及相应投影值 $((Z_{it}^-)_{s_1}^*)_{k=1}^{50}$。

Step2:确定最优投影值。对 50 个下限投影目标函数最大值的运行结果,从大到小依次进行有效性判别,直到获取通过有效性判别的下限目标函数值为止。代表太湖流域初始水量权配置的初步配置结果的一维投影值 $((Z_{it}^-)_{s_1}^*)_{k=1}^{50}$,至少需通过以下两个判别条件:

判别条件 1:衡量"省区对"(任意两个省区)的一维投影值与其判别指标值之间的匹配程度,对投影值 $(Z_{it}^-)_{s_1}^*$ 进行程度性判别,构建判别准则如下:

$$\begin{cases} \gamma_{\min} \cdot \gamma_{(A_{i_1}, A_{i_2})} \leqslant \gamma_{((Z^-_{i_1 t})^*_{s_1}, (Z^-_{i_2 t})^*_{s_1})} \leqslant \gamma_{\max} \cdot \gamma_{(A_{i_1}, A_{i_2})} \\ \gamma_{((Z^-_{i_1 t})^*_{s_1}, (Z^-_{i_2 t})^*_{s_1})} \geqslant 1 \Rightarrow (Z^-_{i_1 t})^*_{s_1} \geqslant (Z^-_{i_2 t})^*_{s_1} \\ i_1, i_2 = 1, 2, \cdots, m; t = 1, 2, \cdots, T; i_1 \neq i_2 \end{cases} \quad (5.12)$$

其中，$\gamma_{((Z^-_{i_1 t})^*_{s_1}, (Z^-_{i_2 t})^*_{s_1})}$ 是"省区对"(A_{i_1}, A_{i_2})的一维投影值的比例系数；$\gamma^{\pm} = [\gamma_{\min}, \gamma_{\max}]$是代表匹配程度优劣的程度性判别阈值区间数，需根据流域及各省区的特点分析，并通过专家咨询予以确定；$\gamma_{(A_{i_1}, A_{i_2})}$是省区$i_1$和省区$i_2$社会经济指标加权综合值的比例系数，具体指标包括现状用水量、人口数量、区域面积、人均需水量、万元GDP需水量等；式$\gamma_{((Z^-_{i_1 t})^*_{s_1}, (Z^-_{i_2 t})^*_{s_1})} \geqslant 1 \Rightarrow (Z^-_{i_1 t})^*_{s_1} \geqslant (Z^-_{i_2 t})^*_{s_1}$表示若$\gamma_{((Z^-_{i_1 t})^*_{s_1}, (Z^-_{i_2 t})^*_{s_1})} \geqslant 1$，则省区$i_1$的投影值$(Z^-_{i_1 t})^*_{s_1}$不小于省区$i_2$的投影值$(Z^-_{i_2 t})^*_{s_1}$。

判别条件2：由于各个省区都有获得生产用水、建筑业和第三产业用水等一系列保障经济社会发展用水的权利，故规划年t任意省区i的一维投影值应满足正性约束，即$(Z^-_{it})^*_{s_1} \geqslant 0$，同时，这也是维持生产连续性的必要条件。

（2）采用遗传算法求解上限投影目标函数式（5.9），具体步骤如下：

Step1：①打开Matlab7.0软件遗传算法GUI，修改FitFunt1.m文件中的输入变量$Y = (y^-_{ijt})_{m \times n}$为$Y = (y^+_{ijt})_{m \times n}$，命名为FitFunt2.m文件。在Fitnessfunction窗口输入@FitFunt2，在Numberofvariables窗口中输入变量数目n，在Constrainta的Bounds中的Lower窗口中输入$[(Z^-_{1t})^*_{s_1}, (Z^-_{2t})^*_{s_1}, \cdots, (Z^-_{mt})^*_{s_1}]$，Upper窗口中输入ones(1, n)，NonlinearConstraintfunction窗口中输入@FitFunt，选中Plotfunctions中的Bestfitness和Bestindividual复选框，其他条件采用默认值，运行50次，并记录运行结果。

Step2：确定最佳投影方向。对50个上限投影目标函数最大值的运行结果，从大到小依次进行有效性判别，直到获取通过判别条件1和判别条件2的上限目标函数值为止，得最佳投影值$[(Z^+_{1t})^*_{s_1}, (Z^+_{2t})^*_{s_1}, \cdots, (Z^+_{mt})^*_{s_1}]$。

（3）综合下限投影目标函数式（5.8）和上限投影目标函数式（5.9）的优化求解结果，得到规划年t在约束情景s_1下省区i的初始水量权配置的最佳投影值$(Z^{\pm}_{it})^*_{s_1} = [(Z^-_{it})^*_{s_1}, (Z^+_{it})^*_{s_1}]$，将以此代入式（5.10）和式（5.11）得规划年t省区i的初始水量权配置区间量$(W^{\pm}_{it})_{s_1}$，获得规划年t在约束情景s_1下的太湖流域初始水量权配置方案$P_1 = (W^{\pm}_{1ts_1}, W^{\pm}_{2ts_1}, \cdots, W^{\pm}_{mts_1})$。

可以按照同样的求解步骤，分别求得在用水效率控制约束情景s_2和s_3下，规划年t省区i的初始水量权配置区间量$W^{\pm}_{its_2}$和$W^{\pm}_{its_3}$，分别获得情景类别s_2和s_3下的太湖流域初始水量权配置方案$P_2 = (W^{\pm}_{1ts_2}, W^{\pm}_{2ts_2}, \cdots, W^{\pm}_{mts_2})$和$P_3 = (W^{\pm}_{1ts_3},$

$W^{\pm}_{2ts_3}, \cdots, W^{\pm}_{mts_3}$)。

综合所述,基于用水效率多情景约束下太湖流域初始水量权差别化配置模型,可以获得用水效率约束情景 WECS1、WECS2 和 WECS3 下,规划年 t 太湖流域初始水量权配置方案 $P_1 = (W^{\pm}_{1ts_1}, W^{\pm}_{2ts_1}, \cdots, W^{\pm}_{mts_1})$、$P_2 = (W^{\pm}_{1ts_2}, W^{\pm}_{2ts_2}, \cdots, W^{\pm}_{mts_2})$ 和 $P_3 = (W^{\pm}_{1ts_3}, W^{\pm}_{2ts_3}, \cdots, W^{\pm}_{mts_3})$,其中,$m$ 为参与配置的省区总数;s_1、s_2 和 s_3 分别表示用水效率控制约束情景 WECS1、WECS2 和 WECS3。

5.4 太湖流域初始水量权差别化配置方案

5.4.1 基础数据的整理

太湖流域多年平均本地水资源量是 176 亿 m³,另外 164 亿 m³ 主要为引江水资源量。根据总量控制原则,配置给江苏省、浙江省和上海市三个省区的河道外水量权之和不能超过 339.90 亿 m³,令 $W_0 = 339.90$ 亿 m³。

(1) 配置指标基础数据的整理

本文主要通过《2003—2012 年太湖流域及东南诸河水资源公报》、《2000—2012 年中国水资源公报》以及调研等方式获取历年数据,通过《太湖流域综合规划(2012—2030)》《太湖流域水量分配方案研究技术报告》《太湖流域初始水权分配方法探索》获取规划年 2020 年的预测数据。省区初始水量权差别化配置指标值见表 5.3。

表 5.3 用水总量控制下的省区初始水量权差别化配置指标值

配置指标	江苏省	浙江省	上海市	统计年份
现状用水量(亿 m³)	188.2	51.4	109.7	2012 年
人均用水量(m³)	0.52	0.52	0.72	2012 年
亩均用水量(m³)	14.00	12.10	10.80	2012 年
人口数量(万人)	2 453.31	1 165.07	2 296.01	2012 年
区域面积(km²)	19 399	12 093	5 178	2012 年
多年平均径流量(亿 m³)	66.00	72.80	20.10	2000—2012 年
多年平均供水量(亿 m³)	164.57	59.40	112.10	2000—2012 年
人均需水量(m³)	778	612	668	2020 年
万元 GDP 需水量(m³)	66	69	48	2020 年

（2）用水效率控制约束指标基础数据的整理

1）分析太湖流域与国内外用水效率先进水平的差距。太湖流域与我国部分水资源一级区、世界部分高收入国家的水资源利用效率比较见表 5.4。

表 5.4　太湖流域与水资源一级区、世界部分国家的用水效率比较

地区	农田灌溉亩均用水量（m³）	万元工业增加值用水量①（m³）	城镇供水管网漏失率（%）	统计年份
太湖流域	436	95	12	2012 年
长江流域	443	91	14	2012 年
中国	404	69	15	2012 年
中国②	—	(0,65]	—	2020 年
太湖流域②	396	68	10	2020 年
美国		119		2005 年
日本		13		2009 年
德国		63		2007 年
英国		16		2007 年
西班牙		48		2008 年
高收入国家③	—	[2,183]	—	2005—2010 年

注：万元工业增加值用水量按当年价格计算，所使用的人口数字为年平均人口数；表中数据来源于《中国水资源公报 2012》《太湖流域水资源公报 2012》。

数据说明：①万元工业增加值用水量数据按照用水统计数据年份的人民币与美元的平均汇率计算，2005—2010 年人民币与美元的平均汇率分别为 8.191 7、7.971 8、7.604 0、6.945 1、6.832 0 和 6.828 2；

②数据来源：中国 2020 年万元工业增加值用水量目标值来源于《国发〔2012〕3 号》，2020 年太湖流域的参数目标值来源于《太湖流域综合规划（2012—2030）》《太湖水量分配方案》；

③高收入国家包括美国、日本、德国、法国、意大利、加拿大、西班牙、韩国、澳大利亚、荷兰等。

从表 5.4 可以看出，①现状年太湖流域农田灌溉亩均用水量 436 m³ 高于全国平均水平 404 m³，低于长江流域 443 m³，结合表征农业用水效率水平的农田灌溉亩均用水量的指标属性是成本型，可知太湖流域的农业用水效率水平低于全国平均水平，而高于长江流域；现状年太湖流域万元工业增加值用水量 95 m³ 均高于长江流域 91 m³ 与全国平均水平 69 m³，结合表征工业用水效率水平的万元工业增加值用水量的指标属性是成本型，可知太湖流域的工业用水效率水平均低于长江流域与全国平均水平；现状年太湖流域城镇供水管网漏失率 12% 均低于长江流域 14% 与全国平均水平 15%，结合表征生活用水效率水平的城镇供水管网漏失率的指标属性是成本型，可知太湖流域的生活用水效率水平均高于长江流域与全国平

均水平。②从万元工业增加值用水量的比较可见，太湖流域的用水效率与发达国家和世界先进水平相比还有较大差距。

2) 确定用水效率控制约束指标值。在分析太湖流域与我国部分水资源一级区、世界部分高收入国家的水资源利用效率差距的基础上，综合考虑各省区用水效率现状水平、经济社会发展规模与趋势、水资源相关规划及《太湖流域综合规划(2012—2030)》中节约用水规划内容，设置 $\alpha=0.5\%$、$\beta=10.0\%$ 和 $\eta=12.0\%$，得太湖流域规划年 2020 年各省区用水效率控制约束指标值，如表 5.5 所示。

表 5.5 2020 年太湖流域各省区用水效率控制约束指标值设置

情景类别	行政区划	水田亩均灌溉水量(m³) 2012年	水田亩均灌溉水量(m³) 2020年	万元工业增加值用水量(m³) 2012年	万元工业增加值用水量(m³) 2020年	城镇供水管网漏失率(%) 2012年	城镇供水管网漏失率(%) 2020年
WECS1（弱约束）	江苏省	448	[393.64,413.83]	101	[42.93,45.13]	18	[11.70,12.30]
WECS1（弱约束）	浙江省	452	[383.65,403.32]	39	[19.42,20.41]	17	[10.73,11.28]
WECS1（弱约束）	上海市	378	[364.24,382.91]	103	[40.49,42.56]	12	[7.80,8.20]
WECS2（中约束）	江苏省	452	[354.28,393.64]	101	[38.63,42.93]	18	[10.53,11.70]
WECS2（中约束）	浙江省	378	[345.28,383.65]	39	[18.45,19.42]	17	[9.65,10.73]
WECS2（中约束）	上海市	448	[327.81,364.24]	103	[36.44,40.49]	12	[7.02,7.80]
WECS3（强约束）	江苏省	378	[311.77,354.28]	101	[34.00,38.63]	18	[9.27,10.53]
WECS3（强约束）	浙江省	448	[303.85,345.28]	39	[17.52,18.45]	17	[8.49,9.65]
WECS3（强约束）	上海市	452	[288.47,327.81]	103	[32.06,36.44]	12	[6.18,7.02]

注：考虑到太湖流域所辖省区的水田较多，用水田亩均灌溉水量指标替换农田亩均灌溉水量指标。

综合表 5.3 和表 5.5 中基础数据，可得本研究所需的三个情景下 11 个配置指标的基础数据。

5.4.2 太湖流域省区初始水量权配置结果

(1) 优先确定各省区的生活饮用水和生态用水的初始水量权

设 $t=1$ 表示规划年 2020 年，优先确定各省区的生活饮用水和生态用水的初始水量权的步骤如下：①确定规划年 2020 年省区 i 的生活饮用水初始水量权 W_{i1}^{L}。按照城镇生活用水定额计算出各省区的生活用水量，结合《太湖流域综合规划(2012—2030)》预测成果，得到 2020 年太湖流域江苏省、浙江省和上海市的基本生

活需水量分别为 $W_{11}^L = 17.4$ 亿 m^3、$W_{21}^L = 10$ 亿 m^3、$W_{31}^L = 22.3$ 亿 m^3。②确定规划年 2020 年省区 i 的河道外生态环境用水的初始水量权 W_{i1}^E。结合《太湖流域综合规划(2012—2030)》预测成果，得到规划年 2020 年太湖流域江苏省、浙江省和上海市的河道外生态用水需求量分别为 $W_{11}^E = 0.9$ 亿 m^3、$W_{21}^E = 0.3$ 亿 m^3、$W_{31}^E = 1.0$ 亿 m^3。③确定规划年 2020 年的可分配水资源量 W_1^P。即扣除太湖流域各省区生活饮用水、生态环境用水后的水资源总量，用于三个省区之间的配置，即 $W_1^P = W_1^0 - \sum_{i=1}^{3} W_{i1}^L - \sum_{i=1}^{3} W_{i1}^E = 286.75$ 亿 m^3。

(2) 水量权配置比例的确定

不妨先计算 2020 年情景类别为 WECS1 时太湖流域各省区的初始水量权配置区间量。

Step1：配置指标值的无量纲化处理。结合配置指标的属性，利用式(5.4)和式(5.5)对配置指标值进行无量纲化处理，得规范化指标值矩阵。

$$Y_1 = \begin{bmatrix} 0.84 & 0.76 & 0.41 & 0.69 & 0.83 & 0.66 & 0.79 & 0.50 & 0.51 & [0.53,0.59] & [0.36,0.40] & [0.45,0.50] \\ 0.23 & 0.44 & 0.18 & 0.33 & 0.52 & 0.73 & 0.29 & 0.64 & 0.49 & [0.54,0.60] & [0.79,0.88] & [0.49,0.54] \\ 0.49 & 0.48 & 0.89 & 0.65 & 0.22 & 0.20 & 0.54 & 0.58 & 0.70 & [0.57,0.63] & [0.38,0.42] & [0.68,0.75] \end{bmatrix}$$

Step2：优化投影目标函数。

(1) 将规范化处理结果依次代入式(5.6)、式(5.7)和式(5.8)，求解下限目标函数模型(5.8)，具体过程如下：

① 打开 Matlab7.0 软件遗传算法 GUI，令 FitFunt1.m 中的

$$Y = \begin{bmatrix} 0.84 & 0.76 & 0.41 & 0.69 & 0.83 & 0.66 & 0.79 & 0.50 & 0.51 & 0.53 & 0.36 & 0.45 \\ 0.23 & 0.44 & 0.18 & 0.33 & 0.52 & 0.73 & 0.29 & 0.64 & 0.49 & 0.54 & 0.79 & 0.49 \\ 0.49 & 0.48 & 0.89 & 0.65 & 0.22 & 0.20 & 0.54 & 0.58 & 0.70 & 0.57 & 0.38 & 0.68 \end{bmatrix}$$

在 Fitnessfunction 窗口输入 @FitFunt1，在 Numberofvariables 窗口中输入变量数目 12，在 Constrainta 的 Bounds 中的 Lower 窗口中输入－ones(1,12)，Upper 窗口中输入 ones(1,12)，NonlinearConstraintfunction 窗口中输入 @FitFunt，选中 Plotfunctions 中的 Bestfitness 和 Bestindividual 复选框，其他条件采用默认值，运行 50 次，运行结果如图 5.4 所示，该算法所计算的下限投影目标函数最大值在一个较小范围内波动，其平均值基本趋于一条平行线，表明该算法具有稳定性和有效性。

② 确定最佳投影方向。对 50 个下限投影目标函数最大值的运行结果，从大到小依次进行有效性判别，直到获取通过有效性判别的一维投影值为止，判别过程

如表 5.6 所示。

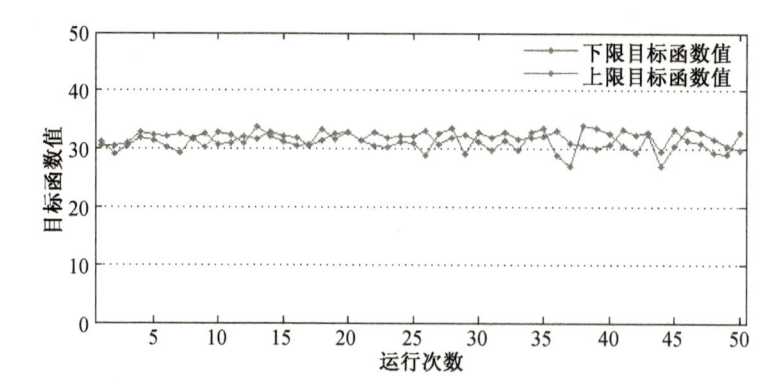

5.4 WECS1 情景时上下限目标函数最优值分布图(50 次运算结果)

表 5.6 下限目标函数值有效性判别过程

运行结果	一维投影值$(Z_{\overline{1i}})_{s_1}$	迭代次数	是否通过判别	理由
33.920	(1.054 6,0.117 9,1.158 0)	4	否	未通过判别条件 1
33.815	(0.776 5,0.094 7,1.220 5)	4	否	未通过判别条件 1
33.637	(1.122 9,0.133 5,1.120 9)	4	否	未通过判别条件 1
33.598	(0.883 4,0.159 0,1.269 1)	6	否	未通过判别条件 1
33.523	(0.266 5,−0.123 7,0.986 1)	4	否	未通过判别条件 2
33.383	(0.546 6,−0.007 0,1.112 8)	4	否	未通过判别条件 2
33.031	(1.397 6,0.313 7,1.071 1)	7	是	通过判别条件 1、2

通过表 5.6 可知,均通过有效性判别条件 1 和 2 的最佳投影值为$((Z_{\overline{11}})_{s_1}^*,(Z_{\overline{21}})_{s_1}^*,(Z_{\overline{31}})_{s_1}^*)=(1.398,0.313,1.071)$,其对应的最佳投影方向为$(a_1)_{s_1}^*=(0.551,0.264,0.331,0.350,0.188,−0.066,0.479,−0.100,0.059,−0.001,−0.335,0.014)$。

(2) 求解上限目标函数模型(5.9)。具体过程如下:

① 打开 Matlab7.0 软件遗传算法 GUI,令 FitFunt1.m 中的

$$Y = \begin{bmatrix} 0.84 & 0.76 & 0.41 & 0.69 & 0.83 & 0.66 & 0.79 & 0.50 & 0.51 & 0.59 & 0.40 & 0.50 \\ 0.23 & 0.44 & 0.18 & 0.33 & 0.52 & 0.73 & 0.29 & 0.64 & 0.49 & 0.60 & 0.88 & 0.54 \\ 0.49 & 0.48 & 0.89 & 0.65 & 0.22 & 0.20 & 0.54 & 0.58 & 0.70 & 0.63 & 0.42 & 0.75 \end{bmatrix}$$

并命名为 FitFunt2.m。在 Fitnessfunction 窗口输入@FitFunt2.m,在 Numberofvariables 窗口中输入变量数目 12,在 Constrainta 的 Bounds 中的 Lower 窗口

中输入[0.551;0.264;0.331;0.350;0.188;−0.066;0.479;−0.100;0.059;−0.001;−0.335;0.014],在 Upper 窗口中输入 ones(1,12),NonlinearConstraintfunction 窗口中输入@FitFunt,选中 Plotfunctions 中的 Bestfitness 和 Bestindividual 复选框,其他条件采用默认值,运行 50 次,运行结果如图 5.4 所示,该算法所计算的上限投影目标函数最大值在一个较小范围内波动,其平均值基本趋于一条平行线,表明该算法具有稳定性和有效性。

② 确定最佳投影方向。对 50 个上限投影目标函数最大值的运行结果,从大到小依次进行有效性判别,直到获取均通过判别条件 1 和 2 的最佳投影值为止,即 $((Z_{11}^+)_{s_1}^*, (Z_{21}^+)_{s_1}^*, (Z_{31}^+)_{s_1}^*) = (1.431, 0.336, 1.116)$,其对应的最佳投影方向为 $(a_1)_{s_1}^{**} = (0.551; 0.264; 0.334; 0.352; 0.188; -0.066; 0.480; -0.041; 0.084; 0.000; -0.335; 0.015)$。

Step3:确定太湖流域各省区的初始水量权差别化配置比例区间量。将江苏省、浙江省、上海市初始水量权配置的最佳投影值 $[(Z_{i1}^-)_{s_1}^*, (Z_{i1}^+)_{s_1}^*]_{i=1}^3 = ([1.398, 1.431], [0.313, 0.336], [1.071, 1.116])$。代入式(5.10),计算得 2020 年情景类别 WECS1 下各省区的初始水量权差别化配置比例区间量 $(\widetilde{\omega}_{i1s_1}^\pm)_{i=1}^3 = ([49.04\%, 50.82\%], [10.97\%, 11.99\%], [37.74\%, 39.47\%])$。

Step4:确定太湖流域各省区的初始水量权差别化配置结果。根据前文可知,规划年 2020 年太湖流域扣除基本用水权后的可分配水资源量为 $W^{P_0} = 286.75$ 亿 m^3,将已知数据 $(W_{i1}^L)_{i=1}^3 = (17.40, 10.00, 22.30)$ 亿 m^3 和 $(W_{i1}^E)_{i=1}^3 = (0.90, 0.30, 1.00)$ 亿 m^3,代入式(5.11),得太湖流域各省区的初始水量权差别化配置方案为 $P_1 = (W_{i1s_1}^\pm)_{i=1}^3 = ([158.93, 164.02], [41.75, 44.68], [131.51, 136.47])$。

同理可得,WECS2、WECS3 情景类别下 2020 年太湖流域各省区的初始水量权差别化配置比例及配置方案,具体如表 5.7 所示。

表 5.7 不同情景类别下 2020 年太湖流域各省区初始水量权配置比例及方案

行政分区	WECS1 配置比例(%)	WECS1 配置结果 P_1(亿 m^3)	WECS2 配置比例(%)	WECS2 配置结果 P_2(亿 m^3)	WECS3 配置比例(%)	WECS3 配置结果 P_3(亿 m^3)
江苏省	[49.04, 50.82]	[158.93, 164.02]	[47.77, 49.53]	[155.27, 160.33]	[47.52, 51.34]	[154.57, 165.51]
浙江省	[10.97, 11.99]	[41.75, 44.68]	[7.71, 8.74]	[32.42, 35.37]	[8.21, 10.94]	[33.85, 41.66]

续表

行政分区	WECS1 配置比例(%)	WECS1 配置结果 P_1 (亿 m³)	WECS2 配置比例(%)	WECS2 配置结果 P_2 (亿 m³)	WECS3 配置比例(%)	WECS3 配置结果 P_3 (亿 m³)
上海市	[37.74, 39.47]	[131.51, 136.47]	[42.28, 43.99]	[144.53, 149.45]	[39.24, 42.88]	[135.81, 146.27]

5.4.3 结果分析

根据表 5.7 的配置方案,绘制不同情景类别下 2020 年太湖流域江苏省、浙江省和上海市初始水量权的配置区间量及其变化趋势图,如图 5.5 所示。

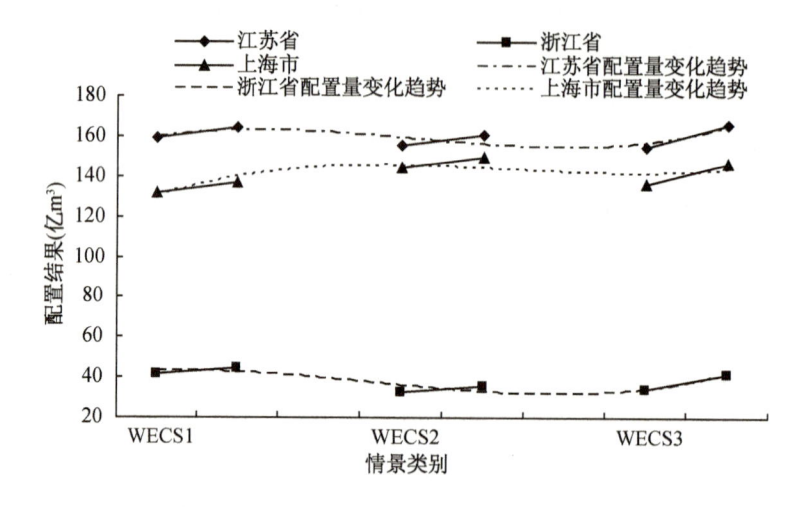

图 5.5 不同情景下 2020 年各省区初始水量权配置区间量及其变化趋势

由图 5.5 可知,在任意用水效率控制约束情景下,江苏省的初始水量权配置区间量最大,其次是浙江省和上海市,在考虑公平性的基础上充分尊重省区的差异性,配置结果基本符合各省区的实际情况。理由如下:结合表 5.3 的基础数据,根据面积配置模式,得江苏省、浙江省和上海市的配置比为 52.90∶32.98∶14.12;按照供水能力配置模式,得三省区的配置比为 48.97∶17.67∶33.36。配置结果的合理性分析如下:①本研究的配置结果与按照面积配置模式、供水能力配置模式总体一致,这表明本研究所提出的配置方法可体现省区资源禀赋差异,比较尊重省区的水资源承载力,更符合自然规律,具有公平合理的特征。②本研究所提出的配置方法与按照面积配置模式的配置结果存在差异,如按照面积配置模式,浙江省相比于上海市处于明显优势(浙江省、上海市分别占流域总面积的 32.98% 和 14.12%),但根据本配置方法,从图 5.5 可以看出,浙江省相比于上海市的配置水量反而偏少,这说明本配置方法也充分考虑省区现实经济活动量差异(浙江省、上海市的万元 GDP 用水量分别为 192 m^3 和 126 m^3,上海市的用水经济效益要优于浙江省),可体现省区现实经济活动量差异,促进水资源的高效利用。

从图 5.5 的各省区初始水量权配置量变化趋势曲线可以看出,江苏省的初始水量权配置区间量随着用水效率控制强度的增强而先减后增,增减变化趋势平缓;上海先增后减,且增减趋势平缓,总体呈增加趋势;浙江先减后增,因浙江省配水量的基数小而减少趋势显著,总体呈减少趋势。该配置结果符合实际情况,在 WECS1 情景下,江苏省、浙江省和上海市的用水效率约束较弱,节水潜力未得到充分挖掘;随着用水效率约束强度的加大,即在 WECS2 情景下,各省区的节水潜力得到进一步的挖掘,各省区的用水效率得到进一步的提高,上海市因节水技术高而获得更多的水量权,江苏省和浙江省的水量权因上海市的增加而减少;随着用水效率控制约束强度的进一步加大,即在 WECS3 情景下,流域内各省区的节水技术的趋同和用水管理制度的实施,上海市难以因用水效率较高而获得鼓励其节水的水量,这使得江苏省和浙江省的配水量得到提高。综上分析可知,本研究的配置结果可充分体现太湖流域初始水量权配置过程中,嵌入用水效率控制约束的有效性,可有效促进各省区加大节约用水的力度,提高用水效率,有利于最严格水资源管理制度的贯彻与落实。

5.5 本章小结

本章主要研究的是用水效率多情景约束下太湖流域初始水量权差别化配置问题,具体研究结论如下:

(1) 设计了用水效率多情景约束下太湖流域初始水量权差别化配置指标体系。从公平性的角度出发,在全面认知省区现状用水差异、资源禀赋差异和未来发展需求差异,识别影响用水效率控制约束强弱的关键情景指标的基础上,系统梳理相关研究成果,在考虑数据可得性和实用性的基础上,设计了表征配置影响因素的指标体系。

(2) 构建动态区间投影寻踪配置模型,实现太湖流域初始水量权差别化配置。结合用水效率多情景约束下太湖流域初始水量权差别化配置指标体系,以区间数描述不确定信息,设置及描述用水效率控制约束情景:用水效率弱控制约束情景(WECS1)、用水效率中控制约束情景(WECS2)和用水效率强控制约束情景(WECS3),并结合区间理论和 PP 技术,构建动态区间投影寻踪配置模型。

(3) 结合有效性判别条件,利用 GA 技术进行求解。分层计算获得不同用水效率控制约束情景 WECS1、WECS2 和 WECS3 下的各省区的初始水量权,进而得到不同用水效率约束情景下的太湖流域初始水量权配置方案 P_1、P_2 和 P_3。分情景以区间数的形式给出太湖流域初始水量权配置结果,为水量权配置决策提供更为准确的决策空间。

(4) 太湖流域初始水量权配置方案推荐方案的设计。利用多情景约束下太湖流域初始水量权差别化配置模型,计算获得 WECS1、WECS2、WECS3 情景类别下 2020 年太湖流域各省区的初始水量权差别化配置比例及配置方案。与其他配置模式的配置结果对比分析表明,本研究的配置结果可充分体现太湖流域初始水量权差别化配置过程中,嵌入用水效率控制约束的有效性,可有效促进各省区加大节约用水的力度,有利于最严格水资源管理制度的贯彻与落实。

第6章
太湖流域初始排污权配置方案设计

太湖流域初始排污权配置方案适应性设计问题,既是太湖流域实施排污权交易的重要前提和关键条件,也是太湖流域排污权交易中争议最大和最困难的问题。同时,入河湖污染物总量合理有效的配置给太湖流域内各省区,实现水环境容量资源的优化配置,是确保减排任务完成的关键所在。太湖流域初始排污权配置是一个处理多阶段、多种需求水平和多种选择条件下以概率和区间数形式表示的不确定性问题,具有多阶段性、复杂性及不确定性。为此,本章在对太湖流域初始排污权配置要素及技术进行系统分析的基础上,引入区间两阶段随机规划(ITSP)方法,根据太湖流域初始排污权配置的纳污总量控制原则、统筹经济——社会——生态环境效益原则以及体现社会经济发展连续性原则,构建基于纳污控制的省区初始排污权 ITSP 配置模型,以实现污染物入河湖限制排污总量在太湖流域各省区间的有效配置。

6.1 排污权配置的基本原则、主客体及基本思路

6.1.1 太湖流域排污权配置的基本原则

根据太湖流域初始水权量质耦合配置的指导思想,借鉴我国典型流域的初始水权配置实践,结合太湖流域主要污染物排放趋势分析及面临的主要问题,借鉴太湖流域的水资源利用情况以及水权配置实践,确定太湖流域初始排污权配置的基本原则。

(1) 纳污总量控制原则

从历年《太湖健康状况报告》可知,太湖流域的水质状况、营养状况、蓝藻水华和水生生物状况,总体来看,水体富营养化虽经治理不断改善,但水体仍营养过剩;

水体黑臭问题未根本解决。因此,鉴于资料的可获取性,根据太湖流域的水污染特点,界定污染物控制指标为 COD、NH_3-N 和 TP。理由如下:太湖流域污染物控制指标包括 COD、NH_3-N、TP 和 TN,其中,COD 和 NH_3-N 是消除河道水体黑臭的关键控制指标;TP 和 TN 是控制太湖富营养化的控制指标,TP 是关键控制指标。我国《水污染防治法》第 9 条规定,"排放水污染物不得超过国家或者地方规定的重点水污染物总量控制指标"。因此,在太湖流域初始排污权的配置过程中,需加强水污染物分类控制,科学核定水域的纳污能力,严格控制污染物入河湖总量,实施在消化掉增量的基础上再消减存量的措施。同时,遵循纳污总量控制原则,也是配置结果体现生态环境效益的前提。

(2) 统筹经济——社会——生态环境效益原则

在太湖流域初始排污权的配置过程中,高效和公平是初始排污权配置公认的两大原则,中央政府或流域环境主管部门需综合考虑配置结果所带来的经济——社会——生态环境效益。社会效益体现在流域内各省区能够获得公平排污权,配置的结果有助于提高各省区防污及减排的积极性,促进各省区的协调发展。在公平性的基础上,使得配置结果体现控制区域总的经济效益最优化,有利于促进省区进行产业结构调整,有助于省区经济的高效持续发展,体现高效性原则。同时,太湖流域初始排污权的配置结果必须有助于减轻入河湖排污量对生态系统的压力作用,改善水质,满足环境的生态功能。

(3) 体现社会经济发展连续性原则

太湖流域初始排污权配置应保持相对稳定性,考虑政策的连续性和可接受性,尊重各省区的历史排污习惯和现状排污情况,给经济发展以足够的环境空间,以保证各省区社会经济发展具有连续性。目的是使各省区配置到的排污权与各省区历年配置到的平均排污权相比,变化幅度控制在一定的范围内,范围的确定须视各个省区的经济发展趋势、水量大小、河流的自净能力等实际情况而定。

6.1.2 太湖流域排污权配置的配置主体及客体

(1) 配置主体的确定

参考初始排污权试点配置实践,及《水法》《水污染防治法》等法律法规文件,得知流域初始排污权的配置主要有两种情形:①初始配置权由各省、自治区、直辖市等环境主管部门独立承担。②各省、自治区、直辖市等环境主管部门主导,其他行政主体参与民主协商,但参与主体各异。如发改、法制、财政、经贸、物价、公共资源交易管理委员会等不同行政部门参与。太湖流域初始排污权配置主体是后者。

(2) 配置客体的确定

根据利用水利部太湖流域管理局委托项目"太湖流域初始水权配置方法探索"(2009—2010)部分成果资料,通过《太湖流域及东南诸河水资源公报》《太湖健康报告》《太湖流域水环境综合治理总体方案(2013 年)》《中国环境统计年鉴》以及太湖流域各市区《环境状况公报》,以及水利部太湖流域管理局编《太湖流域水资源及其开发利用》《太湖流域水资源保护规划及研究》和调研等方式,计算得太湖流域初始排污权配置的客体为总目标:COD 入河湖总量控制目标为[393 573.05,440 015.82] t/a,NH_3 - N 入河湖总量控制目标为[36 918,38 703.85] t/a,TP 入河湖总量控制目标为 [5 233.16,5 814.62] t/a。

6.1.3 太湖流域排污权配置的配置思路

面向水功能区限制纳污红线约束,针对国内外研究发展动态评述所梳理出的流域初始排污权配置中存在的问题和不足,根据太湖流域初始排污权配置的配置原则,结合关于配置模式选择的分析结论,可知太湖流域初始排污权的配置对象包括污染物 COD、NH_3 - N、TP 的入河湖限制排污总量,使得设计一套共用的配置指标体系,实现 3 种污染物入河湖限制排污总量在省区间的有效配置变得不切实际。排污权权益和减排负担分配是太湖流域初始排污权配置的两个方面或阶段,3 种污染物入河湖限制排污总量被产权界定后产生的多重复杂属性,导致初始排污权配置问题具有复杂性特征[220]。同时,面对各省区的 3 种污染物排放需求水平,决策者很难对规划年的减排情形做出精确的判断,包含很多的不确定性,且该种不确定性能够被表述为某种概率水平下的随机变量。因此,太湖流域初始排污权配置是一个处理多阶段、多种需求水平和多种选择条件下以概率和区间数形式表示的不确定性问题,具有多阶段性、复杂性和不确定性。

鉴于以上分析,本章首先系统分析太湖流域初始排污权配置模型构建的配置要素及其关键技术,一是从纳污控制理论研究和纳污控制实践借鉴两个角度,分析在太湖流域初始排污权的配置过程中实行纳污控制的必要性;二是阐述纳污控制指标的界定技术及其对水质的影响;三是系统介绍 ITSP 方法的关键技术及求解思路。其次,根据太湖流域初始排污权配置的基本假设,利用 ITSP 方法在有效地处理多阶段、多种需求水平和多种选择条件下以概率和区间数形式表示不确定性的优势,以太湖流域初始排污权配置获得的初始排污权所产生的经济效益为第 1个阶段,以因承担减排责任而可能产生的治污损失为第 2 个阶段,以太湖流域初始排污权的配置结果实现经济效益最优为目标函数,以太湖流域初始排污权的配置结果能够体现社会效益、生态环境效益和社会经济发展连续性为约束条件,构建基于纳污控制的太湖流域初始排污权 ITSP 配置模型。最后,基于区间优化的思想将 ITSP 配置模型转化为目标上限值子模型和目标下限值子模型,通过 Matlab7.0 软件的 GA 求解器予以求解,实现污染物入河湖限制排污总量(WP_d)。在流域内各省区间的分类配置,完成基于纳污控制的太湖流域初始排污权 ITSP 配置方案设计。

6.2 模型构建的相关配置要素及技术

6.2.1 纳污控制必要性分析

流域水污染物容量总量控制,又称为水体纳污总量控制(简称"纳污控制"),是根据水功能区的环境特点和自净能力,依据保护目标,以纳污能力为基础,将污染物入河湖总量控制在水域纳污能力的范围之内[240]。纳污总量控制包含三个方面的内容:一是水污染物排放总量的控制;二是水污染物排放总量的地域范围;三是水污染物排放的时间跨度[241]。其中,污染物排放量是指污染源排入环境的污染物量,是环境保护部按照现行的污染源统计范围统计的,和污染物减排目标直接相关。在太湖流域初始排污权的配置过程中,应加强水污染物分类控制,科学核定水域的纳污能力。实行纳污控制的必要性主要体现在以下两个方面:

从纳污控制理论研究的角度看,纳污控制的必要性主要体现在如下两点:①纳污控制理论研究结果表明:仅对污染物进行浓度控制无法达到环境质量改善的目的,而通过设定排放总量可有效地控制和消除污染,保障主要污染物数量和浓度控制在一定范围之内,不至于对人类健康等方面造成一定危害,故基于环境保护的要求须实行纳污控制[60]。②从经济学的角度看,稀缺资源的存在是排污权交易市场机制有效运行的前提,入河湖限制排污总量(纳污总量)的确定,相当于限定了可供使用的资源总量上限,从而明确了资源的稀缺性,容量资源据此成为经济物品而具有经济价值,太湖流域初始排污权配置就具有了经济资源配置的内涵和意义,进而为排污权市场交易提供前提性条件。

从纳污控制实践借鉴的角度看,国内外水污染防治实践都很重视纳污控制技术及方法的应用。①在国外,20 世纪 60 年代,随着排入水体的污染物的增加和人们环保意识的提高,美国和日本等发达国家发现,单纯污染物浓度控制已难以有效地控制水体污染,需要协调人类活动和环境保护关系的新方法,于是出现了纳污控制方法,并将其纳入水质规划体系[240]。目前,纳污控制已成为制定水资源管理战略的重要技术之一。②在国内,1989年的第三次全国环境保护会议,确定了污染物浓度控制向总量控制转变的方向;1996年,我国通过《国民经济和社会发展"九五"计划和2010年远景目标纲要》正式将污染物排放总量控制定为环境保护工作的重大举措之一;2011年,中共中央1号文件《决定》和中央水利工作会议明确提出要实行水功能区限制纳污制度,严格控制入河湖排污总量。同时,我国法律也对纳污控制做出规定,如《水污染防治法》第18条第1款:"国家对重点水污染物排放实施总量控制制度";《水法》第32条第4款规定了违反纳污控制行为的惩罚依据。

6.2.2 纳污控制指标的界定及其对水质的影响

(1) 纳污控制指标的界定

确定流域纳污控制指标是进行太湖流域初始排污权配置的基础和前提。随着经济社会的发展和入水体污染物的增多,我国各大流域都逐步进入了生活和生产复合污染时期,流域污染成分繁多复杂,对每种污染都进行核算与控制既无可能也无必要。可以通过污染源的调查与评价,结合流域实测水质监测数据,识别出流域纳污控制指标,并以此作为纳污控制的分解指标。因此,分类核定流域允许入河湖限制排污总量具有一定的现实意义。

流域纳污控制指标是根据污染源类别筛选的水污染物控制指标,与控制省区的水质现状、水环境功能区的水质目标密切相关,直接影响流域水环境容量的测算和排污总量配置对象的界定。流域污染源按照污染物的排放方式分为点污染源和面污染源两大类型[240]。点污染源是以点状形式向受纳水体排放污水的,主要由工业废水排放和城镇生活污水排放而形成,具有经常性和随机性等特征,在河流流量较小的时候,尤其会对流域水体水质产生较大的影响。面污染源是指在降水作用下,在河流的集水区域内形成的污染径流,汇入受纳水体,主要由农业污水排放而形成,具有位置不固定、季节性和间歇性等特征,面污染源在暴雨的作用下对受纳水体水质的影响更大。因此,流域现状主要污染物排放量可按照工业、城镇生活和农业三类进行统计。

(2) 纳污控制指标对水体水质的影响

目前,从水环境普查结果看,我国水体污染严重,具有明显的流域性、区域性特征,每个流域或省区都确定了具有地域自然或经济特点的水污染物控制指标,我国七大流域的主要入河湖污染物控制指标包括COD、NH_3-N、TN和TP等。其中,COD是表示流域水质污染度的重要指标,其值越大,水体受有机物的污染越严重;

NH_3-N 主要来源于人和动物的排泄物，也是水质污染度的重要指标之一；而 TN 是流域水体中的营养素，是水体中的主要耗氧污染物，可产生水富营养化现象，对鱼类及某些水生生物有毒害作用；TP 是水体中磷元素的总含量，过多的磷含量会引起水体中藻类植物的过度生长，也会导致水体富营养化，发生赤潮或水华，扰乱水体的平衡。

6.2.3 区间两阶段随机规划方法

两阶段随机规划（简称 TSP）模型是处理模型右侧决策参数具有已知概率分布函数（PDFs）问题的有效方法之一，可对期望情形进行有效性分析。一般情况下，TSP 模型[222]可以表述为：

$$Z = \max C^T X - E_{\omega \in \Omega}[Q(X,\omega)]$$
$$\text{s.t.} \begin{cases} Q(X,\omega) = \min f(x)^T y \\ D(\omega)y \geqslant h(\omega) + T(\omega)x \\ x \in X, y \in Y \end{cases} \tag{6.1}$$

其中，$C \subseteq R^{n_1}$，$X \subseteq R^{n_1}$，$Y \subseteq R^{n_2}$，ω 是空间 (Ω, F, P) 中的一个随机变量，$\Omega \subseteq R^k$，$f: \Omega \to R^{n_2}$，$h: \Omega \to R^{m_2}$，$D: \Omega \to R^{m_2 \times n_2}$ 和 $T: \Omega \to R^{m_2 \times n_1}$。TSP 模型一般为非线性的，且其可行约束集仅在特定分布下是凸的。令随机变量 ω 以概率分布 $p_h(h = 1, 2, \cdots, H; \sum_{h=1}^{H} p_h = 1)$ 取离散值 ω_h，则非线性的 TSP 模型能够被转化为线性规划（LP）模型[242]。事实上，在许多实际问题中，由于信息获取的不完备性，用具体数值难以有效描述所获取的决策信息，而是以区间数的形式来描述不确定决策信息，因此，引入区间参数，结合区间参数规划（IPP）模型与 TSP 模型，提出区间两阶段随机规划（ITSP）模型：

$$\max f^{\pm} = \max C_{T_1}^{\pm} X^{\pm} - \sum_{h=1}^{H} p_h D_{T_2}^{\pm} Y^{\pm}$$
$$\text{s.t.} \begin{cases} A_r^{\pm} X^{\pm} \leqslant B_r^{\pm}, r = 1, 2, \cdots, m_1 \\ A_t^{\pm} X^{\pm} + A_t'^{\pm} Y^{\pm} \leqslant \omega_h^{\pm}, t = 1, 2, \cdots, m_2; h = 1, 2, \cdots, H \\ x_j^{\pm} \geqslant 0, x_j^{\pm} \in X^{\pm}, j = 1, 2, \cdots, n_1 \\ y_{jh}^{\pm} \geqslant 0, y_{jh}^{\pm} \in Y^{\pm}, j = 1, 2, \cdots, n_2; h = 1, 2, \cdots, H \end{cases} \tag{6.2}$$

其中，$A_r^{\pm} \in \{R^{\pm}\}^{m_1 \times n_1}$，$A_t^{\pm} \in \{R^{\pm}\}^{m_2 \times n_1}$，$B_r^{\pm} \in \{R^{\pm}\}^{m_1 \times 1}$，$C_{T_1}^{\pm} \in \{R^{\pm}\}^{1 \times n_1}$，$D_{T_2}^{\pm} \in \{R^{\pm}\}^{1 \times n_2}$，$X^{\pm} \in \{R^{\pm}\}^{n_1 \times 1}$，$Y^{\pm} \in \{R^{\pm}\}^{n_2 \times 1}$，$\{R^{\pm}\}$ 是区间数或区间变量

的集合，$X^{\pm}=[X^-,X^+]$ 表示一个下界是 X^-，上界是 X^+ 的区间数。根据 Huang 和 Loucks(2013)[224]的观点，基于区间优化思想可将模型(6.2)转化为两个确定性的上下限值子模型，设 $B^{\pm}\geqslant 0, f^{\pm}\geqslant 0$，目标上限值子模型 f^+ 可表述为：

$$\max f^+ = \sum_{j=1}^{k_1} c_j^+ x_j^+ + \sum_{j=k_1+1}^{n_1} c_j^- x_j^- - \sum_{j=1}^{k_2}\sum_{h=1}^{H} p_h d_j^- y_{jh}^- - \sum_{j=k_2+1}^{n_2}\sum_{h=1}^{H} p_h d_j^+ y_{jh}^+$$

$$\text{s.t.} \begin{cases} \sum_{j=1}^{k_1} |a_{rj}^{\pm}|^- \text{sign}(a_{rj}^{\pm}) x_j^+ + \sum_{j=k_1+1}^{n_1} |a_{rj}^{\pm}|^+ \text{sign}(a_{rj}^{\pm}) x_j^- \leqslant b_r^+, \forall r \\ \sum_{j=1}^{k_1} |a_{tj}^{\pm}|^- \text{sign}(a_{tj}^{\pm}) x_j^+ + \sum_{j=k_1+1}^{n_1} |a_{tj}^{\pm}|^+ \text{sign}(a_{tj}^{\pm}) x_j^- + \sum_{j=1}^{k_2} |a_{tj}^{\pm}|^+ \\ \text{sign}(a_{tj}^{\pm}) y_{jh}^- + \sum_{j=k_2+1}^{n_2} |a_{tj}^{\pm}|^- \text{sign}(a_{tj}^{\pm}) y_{jh}^+ \leqslant \omega_h^+, \forall t, h \\ x_j^+ \geqslant 0, j=1,2,\cdots,k_1 \\ x_j^- \geqslant 0, j=k_1+1, k_1+2,\cdots,n_1 \\ y_{jh}^- \geqslant 0, \forall h; j=1,2,\cdots,k_2 \\ y_{jh}^+ \geqslant 0, \forall h; j=k_2+1, k_2+2,\cdots,n_2 \end{cases} \quad (6.3)$$

其中，决策参数 $c_j^+(j=1,2,\cdots,k_1)>0$；$c_j^-(j=k_1+1,k_1+2,\cdots,n_1)<0$；$d_j^-(j=1,2,\cdots,k_2)>0$；$d_j^+(j=k_2+1,k_2+2,\cdots,n_2)<0$；符号函数可表述为 $\text{sign}(a_{rj}^{\pm})=\begin{cases}1, a_{rj}^{\pm}\geqslant 0 \\ -1, a_{rj}^{\pm}<0\end{cases}$。第一阶段的决策变量为 $x_j^+(j=1,2,\cdots,k_1)$ 和 $x_j^-(j=k_1+1,k_1+2,\cdots,n_1)$；第二阶段的决策变量为 $y_{jh}^-(j=1,2,\cdots,k_2,h=1,2,\cdots,H)$ 和 $y_{jh}^+(j=k_2+1,k_2+2,\cdots,n_2,h=1,2,\cdots,H)$。

通过优化求解目标上限子模型(6.3)可得，模型的优化解为 $x_{jopt}^+(j=1,2,\cdots,k_1)$，$x_{jopt}^-(j=k_1+1,k_1+2,\cdots,n_1)$，$y_{jhopt}^-(j=1,2,\cdots,k_2,h=1,2,\cdots,H)$ 和 $y_{jhopt}^+(j=k_2+1,k_2+2,\cdots,n_2,h=1,2,\cdots,H)$。基于以上分析及目标上限值子模型的求解结果，目标下限值子模型 f^- 可以表述为：

$$\min f^- = \sum_{j=1}^{k_1} c_j^- x_j^- + \sum_{j=k_1+1}^{n_1} c_j^+ x_j^+ - \sum_{j=1}^{k_2}\sum_{h=1}^{H} p_h d_j^+ y_{jh}^+ - \sum_{j=k_2+1}^{n_2}\sum_{h=1}^{H} p_h d_j^- y_{jh}^-$$

$$\text{s.t.}\begin{cases} \sum_{j=1}^{k_1} |a_{rj}^{\pm}|^+ \text{sign}(a_{rj}^{\pm}) x_j^- + \sum_{j=k_1+1}^{n_1} |a_{rj}^{\pm}|^- \text{sign}(a_{rj}^{\pm}) x_j^+ \leqslant b_r^-, \forall r \\ \sum_{j=1}^{k_1} |a_{tj}^{\pm}|^+ \text{sign}(a_{tj}^{\pm}) x_j^- + \sum_{j=k_1+1}^{n_1} |a_{tj}^{\pm}|^- \text{sign}(a_{tj}^{\pm}) x_j^+ \\ + \sum_{j=1}^{k_2} |a_{tj}^{\pm}|^- \text{sign}(a_{tj}^{\pm}) y_{jh}^+ + \sum_{j=k_2+1}^{n_2} |a_{tj}^{\pm}|^+ \text{sign}(a_{tj}^{\pm}) y_{jh}^- \leqslant \omega_h^-, \forall t, h \\ 0 \leqslant x_j^- \leqslant x_{jopt}^+, j=1,2,\cdots,k_1 \\ x_{jopt}^- \leqslant x_j^+, j=k_1+1, k_1+2, \cdots, n_1 \\ y_{jh}^+ \geqslant y_{jhopt}^-, \forall h; j=1,2,\cdots,k_2 \\ 0 \leqslant y_{jh}^- \leqslant y_{jhopt}^+, \forall h; j=k_2+1, k_2+2, \cdots, n_2 \end{cases}$$

(6.4)

其中,决策参数 $c_j^+(j=1,2,\cdots,k_1)>0$;$c_j^-(j=k_1+1,k_1+2,\cdots,n_1)<0$;$d_j^+(j=1,2,\cdots,k_2)>0$;$d_j^-(j=k_2+1,k_2+2,\cdots,n_2)<0$;$\text{sign}(a_{rj}^{\pm})=\begin{cases}1, & a_{rj}^{\pm} \geqslant 0 \\ -1, & a_{rj}^{\pm} < 0\end{cases}$ 为符号函数。决策变量为 $x_j^-(j=1,2,\cdots,k_1)$,$x_j^+(j=k_1+1,k_1+2,\cdots,n_1)$,$y_{jh}^+(j=1,2,\cdots,k_2,h=1,2,\cdots,H)$ 和 $y_{jh}^-(j=k_2+1,k_2+2,\cdots,n_2,h=1,2,\cdots,H)$。

通过优化求解目标下限值子模型(6.4)可得,模型的优化解为 $x_{jopt}^-(j=1,2,\cdots,k_1)$,$x_{jopt}^+(j=k_1+1,k_1+2,\cdots,n_1)$,$y_{jhopt}^+(j=1,2,\cdots,k_2,h=1,2,\cdots,H)$ 和 $y_{jhopt}^-(j=k_2+1,k_2+2,\cdots,n_2,h=1,2,\cdots,H)$。将上下限值子模型的求解结果合并,得到 ITSP 模型(6.2)的优化解为:$f_{opt}^{\pm}=[f_{opt}^-, f_{opt}^+]$,$x_{jopt}^{\pm}=[x_{jopt}^-, x_{jopt}^+]$,$y_{jhopt}^{\pm}=[y_{jhopt}^-, y_{jhopt}^+]$。

6.3 配置模型的构建及求解方法

6.3.1 基本假设

结合目前我国环境监管及各省区经济社会发展的现实情况及发展趋势,本章做出如下假设。

假设1:利益和负担分配构成太湖流域初始排污权配置的两个方面

太湖流域初始排污权配置是对污染物入河湖限制排污总量(WP_d)₀的分配,而按照我国环境保护相关法律或政策规定,水污染物的入河湖排放总量必须呈现一种逐渐递减的趋势,逐渐递减的排放总量按照一定比例附随在待配置的每一具体排放权份额上面,故流域内省区 i 在获得污染物 d 排放权利益的过程,同时,也是在接受不断递增的排放负担的过程。因此,太湖流域初始排污权配置既是一种利益或权益可能性配置过程,也是一种负担配置过程,利益和负担分配构成太湖流域初始排污权配置的两个方面。污染物 d 的排放负担会随历年来水量水平和污染物入河湖排放量的改变而不断变化,因而它能够被表述为概率水平 p_{dh} 下的随机变量。

假设2:统筹经济—社会—生态效益是太湖流域初始排污权配置的一般策略

在严核污染物入河湖限制排污总量的前提下,中央政府或环境主管部门虽然理论上是为实现公共利益而存在,但现实中仍无法摆脱"经济人"的利益倾向[220]。为了保证太湖流域初始排污权配置结果能够体现社会效益和生态环境效益,保证社会经济发展连续性,太湖流域初始排污权配置应秉持统筹经济—社会—生态效益的一般策略,即在配置结果能够体现社会效益、生态环境效益和社会经济发展连续性的约束条件下,实现经济效益最优目标。

6.3.2 目标函数及约束条件

6.3.2.1 目标函数

本章利用 TSP 方法在处理多阶段、多种需求水平和多种选择条件下以概率形式描述不确定信息的优势,结合太湖流域初始排污权配置模型构建的两个基本假设,以污染物入河湖限制排污总量 $(WP_d)_0$ 为配置对象,根据基本假设1,构建以因太湖流域初始排污权配置而获得的初始排污权所产生的经济效益为第一个阶段,以因承担减排责任而可能产生的减排损失为第二个阶段,以经济效益最优为目标函数;再结合基本假设2,设计使得配置结果能够体现社会效益、生态环境效益和社会经济发展连续性的约束条件,构建基于纳污控制的太湖流域初始排污权 TSP 配置模型,分类配置太湖流域初始排污权。

太湖流域初始排污权配置过程涉及水生态条件、气候条件、区域政策等因素,具有技术复杂性和政治敏感性,其中包含很多不确定因素,决策者很难对流域的污染物入河湖允许排放量 WP 进行准确预测;产业结构的变动导致单位排污权所获得的收益 BWP 难以用单一实值量化;流域内各省区相关水环境保护政策的实施、水生态及气候条件的改变使单位污水减排损失 CWP 也难以精确量化。为了表示这种不确定性,本研究引入区间数的概念,以"+"表示配置参数及变量的上限值,"-"表示配置参数及变量的下限值,结合 TSP 配置模型,构建基于纳污控制的太湖流域初始排污权 ITSP 配置模型：

$$\max f^{\pm} = \sum_{t=1}^{T}\sum_{i=1}^{m}\sum_{d=1}^{D} L_t \cdot \alpha_{it}^{\pm} \cdot WP_{idt}^{\pm} \cdot BWP_{idt}^{\pm} - E\left[\sum_{t=1}^{T}\sum_{i=1}^{m}\sum_{d=1}^{D} L_t \cdot EWP_{idt}^{\pm} \cdot CWP_{idt}^{\pm}\right] \quad (6.5)$$

其中，(1)决策参数

1) L_t 为规划时长，年；

2) $\alpha_{it}^{\pm}$ 为规划年 t 中央政府或流域环境主管部门对经济效益边际贡献大的省区 i 的偏好，其中 $\alpha_{it}^{\pm} = [\alpha_{it}^{-}, \alpha_{it}^{+}]$，$0 \leqslant \sum_{i=1}^{m}\alpha_{it}^{-} \leqslant 1 \leqslant \sum_{i=1}^{m}\alpha_{it}^{+}$，$0 \leqslant \alpha_{it}^{-} \leqslant \alpha_{it}^{+} \leqslant 1$。

3) $BWP_{idt}^{\pm}$ 为规划年 t 省区 i 获得污染物 d 排放权的单位收益，10^4 ¥/t。

4) $CWP_{idt}^{\pm}$ 为规划年 t 省区 i 因减排污染物 d 而受到的单位损失，10^4 ¥/t。

(2) 决策变量

$WP_{idt}^{\pm}$ 是规划年 t 省区 i 配得水污染物 d 的初始排污权量，t/a，是第一个阶段的决策变量；$EWP_{idt}^{\pm}$ 是规划年 t 省区 i 对污染物 d 的减排量，t/a，是第二个阶段的决策变量。

本文将第二个阶段因承担减排责任而产生的治污损失视为期望损失。其中，$EWP_{idt}^{\pm}$ 可视为规划年 t 省区 i 对污染物 d 的纳污控制排污量 GWP 与初始排污权量 $WP_{idt}^{\pm}$ 之差，受年来水量水平（Annual Inflow, AI）、历年污染物入河湖排放量（Water Pollutant Emissions into the Lakes, WPEL）、入河湖系数、科技进步等因素的影响而出现不同的情形，较难确定。鉴于研究资料的可获取性及计算的可行性，本研究以年来水量水平和流域历年污染物入河湖排放量作为影响排污责任配置的主要因素，故将规划区历年来水量和历年污染物 d 入河湖排放量按离散函数处理，综合流域历年来水量水平（AI）概率分布值 $p_h(AI)$ 和历年污染物 d 入河湖量（WPEL）的概率分布值 $p_{dh}(WPEL)$ 为不同情形出现的概率 p_{dh}，其值的确定详见4.3.2.3节相关参数的率定。当 $h=1$ 时，表示规划年内来水量最少，排污需求最高，减排责任最大；当 $h=2$ 时，表示规划年内来水量较少，排污需求较高，减排责任较大；当 $h=H$ 时，表示规划年内来水量最多，排污需求最少，减排责任最小。故基于纳污控制的太湖流域初始排污权 ITSP 配置模型可表示为：

$$\max f^{\pm} = \sum_{t=1}^{T}\sum_{i=1}^{m}\sum_{d=1}^{D} L_t \cdot \alpha_{it}^{\pm} \cdot WP_{idt}^{\pm} \cdot BWP_{idt}^{\pm} -$$

$$\sum_{t=1}^{T}\sum_{i=1}^{m}\sum_{d=1}^{D}\sum_{h=1}^{H}L_{t} \cdot p_{dh} \cdot EWP_{idt}^{\pm} \cdot CWP_{idt}^{\pm} \qquad (6.6)$$

6.3.2.2 约束条件

本章根据太湖流域初始排污权配置的纳污总量控制原则、统筹经济——社会——生态环境效益原则以及体现社会经济发展连续性原则，构建基于纳污控制的太湖流域初始排污权 ITSP 配置模型，将污染物入河湖限制排污总量(WP_d)。在流域内各省区间进行配置，以太湖流域初始排污权的配置结果能够体现社会效益、生态环境效益和社会经济发展连续性为约束条件，以实现经济效益最优为目标函数。其中，约束条件的具体量化过程如下：

（1）体现社会效益的约束条件

在太湖流域初始排污权的配置过程中，高效和公平是初始排污权配置公认的两大原则，流域排污权管理机构除了考虑经济效益问题外，还必须考虑配置的社会效益问题。社会效益体现在流域内各省区能够获得公平排污权，配置的结果有助于提高各省区防污及减排的积极性，促进各省区的协调发展。

1）描述太湖流域初始排污权配置公平性的代表性指标

借鉴相关领域表征资源初始权配置公平的代表性指标的选取标准，如 Kvemdokk(1992)[78]指出，按人口比例来配置初始碳排放权，更能体现伦理学的公平原则和政治上的可接受性。VanderZaag、Seyam 等（2002）[64]认为以人口数量作为国际河流的水资源配置指标更能体现配置的公平性。因此，本章选择人口数量指标作为表征太湖流域初始排污权配置公平性的代表性指标。

2）基于代表性指标的水污染物排放量基尼系数不大于现状值

计算各省区人口数量的累计百分比和水污染物排放量的累计百分比，采用梯形面积法[243]，计算出规划年 t 基于人口数量指标的水污染物 d 排放量的基尼系数 $G_{dt}^{\pm}$，则其不大于现状值的约束条件可表示为：

$$G_{dt}^{\pm} = \left[1 - \sum_{i=1}^{m}(X_{it}^{\pm} - X_{(i-1)t}^{\pm})(Y_{idt}^{\pm} - Y_{(i-1)dt}^{\pm})\right] \leqslant G_{dt_0}^{\pm} \qquad (6.7)$$

其中，$X_{it}^{\pm} = X_{(i-1)t}^{\pm} + M_{it}^{\pm}/\sum_{i=1}^{m}M_{it}^{\pm}$ 为规划年 t 流域所辖省区 i 人口数量的累计百分比，%；$M_{it}^{\pm}$ 为规划年 t 流域所辖省区 i 的人口数量，万人；$Y_{idt}^{\pm} = Y_{(i-1)dt}^{\pm} + WP_{idt}^{\pm}/\sum_{i=1}^{m}WP_{idt}^{\pm}$ 为规划年 t 省区 i 关于水污染物 d 的初始排污权量的累计百分比，%；$WP_{idt}^{\pm}$ 是规划年 t 省区 i 分配到的关于水污染物 d 的初始排污权量，t/a；$G_{dt_0}^{\pm}$

为人口数量指标对应水污染物 d 排放量的基尼系数现状值；当 $i=1$ 时，$(X^{\pm}_{(i-1)t}, Y^{\pm}_{(i-1)dt})$ 视为 $(0,0)$。

(2) 体现生态环境效益的约束条件

生态环境效益主要体现入河湖排污量对生态系统的压力作用，目的是严格控制流域整体的入河湖排污总量，减缓入河湖排污量对生态系统的压力。为了使太湖流域初始排污权的配置结果能够体现生态环境效益，须要求流域内各省区的主要污染物的排放总量控制在一定的范围之内。

规划年 t 中央政府或流域环境主管部门根据水环境容量，确定主要污染物入河湖允许排放量区间，由此可以确定规划年 t 流域内污染物 d 的年排污总量限制区间，记为 $\widetilde{WP}^{\pm}_{dt}$。则体现生态环境效益的约束条件可表述为：

$$\sum_{i=1}^{m} WP^{\pm}_{idt} \leqslant \widetilde{W}^{\pm}_{dt} \qquad (6.8)$$

(3) 体现社会经济发展连续性的约束条件

太湖流域初始排污权配置应体现社会经济发展连续性原则，尊重现状排污情况和历史排污习惯，保证各省区社会经济发展具有连续性。保障措施是使各省区配置到的初始排污权与各省区历年配置到的平均排污权相比，变化幅度控制在一定的范围内。即

$$|WP^{\pm}_{idt} - \overline{WP}^{\pm}_{id}| \leqslant \lambda^{\pm}_{t} \widetilde{WP}^{*}_{id} \qquad (6.9)$$

其中，$\lambda^{\pm}_{t}$ 为矫正系数，$0 < \lambda^{-}_{t} \leqslant \lambda^{+}_{t} < 1$，它将规划年 t 省区 i 理论配置到的污染物 d 的初始排污权 $WP^{\pm}_{idt}$ 与历年配置到的平均排污权 $\overline{W}^{\pm}_{id}$ 之间的差异，控制在该省区基准年 t_0 污染物 d 排放量 $\widetilde{W}^{*}_{idt_0}$ 的某个百分比之内；$\lambda^{\pm}_{t}$ 的取值越小，体现省区社会经济发展连续性的效果就越显著，其取值范围将根据流域内各个省区的经济发展趋势、水量大小、河流的自净能力等具体实际情况而定。

(4) 一般性的约束条件

一般性的约束条件包括各省区污染物入河湖限制排污总量约束和决策变量的非负性约束，即规划年 t 省区 i 理论配置到的污染物 d 的初始排污权 $WP^{\pm}_{idt}$ 不大于省区 i 关于污染物 d 的限制排污总量 $GWP^{\pm}_{idt}$；以及决策变量 $WP^{\pm}_{idt}$ 和 $EWP^{\pm}_{idt}$ 的非负性约束。具体表现在以下两个约束式：

$$\begin{cases} WP^{\pm}_{idt} \leqslant GWP^{\pm}_{idt} \\ WP^{\pm}_{idt}, EWP^{\pm}_{idt} \geqslant 0 \end{cases} \qquad (6.10)$$

4.3.2.3 模型中相关参数的率定

(1) 目标函数中相关决策参数的率定

1) 决策参数 $\alpha_{it}^{\pm}$ 的率定。设 T_0 表示现状年 t_0 对应的当前期，$GDP_i^{T_0}$ 为当前期 T_0 流域内省区 i 的 GDP，采用的历史年长为 r 年。

① 采用算术平均数公式

$$\overline{GDP}_i^{T_0} = (GDP_i^{T_0} + GDP_i^{T_0-1} + \cdots + GDP_i^{T_0-(r-1)})/r \tag{6.11}$$

其中，$i=1,2,\cdots,m$，计算得流域内省区 i 的历年 GDP 平均值 $\overline{GDP}_i$。

② 利用指数平滑法计算流域内省区 i 的历年 GDP 加权平均值。考虑到越是近年期的 GDP 数据包含的经济效益实际信息越多，故可根据"厚近薄远"的思想，采用指数平滑法，计算流域内省区 i 的历年 GDP 加权平均值 $\overline{\overline{GDP}}_i$，即

$$\overline{\overline{GDP}}_i = \delta GDP_i^{T_0} + \delta(1-\delta)GDP_i^{T_0-1} + \delta(1-\delta)^2 GDP_i^{T_0-2} + \cdots + \delta(1-\delta)^{r-1} GDP_i^{T_0-(r-1)} \tag{6.12}$$

其中，$i=1,2,\cdots,m$，δ 为加权系数，$0<\delta<1$，其取值的大小反映了流域内省区 i 的历年 GDP 平均值的计算对当前和过去信息的倚重程度，δ 越大，越倚重近期数据所承载的信息，所采用的数据序列越短。为充分利用近期数据，基于"厚近薄远"的原则，取 $0.6<\delta<1$，计算流域内省区 i 的历年 GDP 加权平均值。

③ 计算规划年 t 中央政府或流域环境主管部门对省区 i 的偏好 $\alpha_{it}^{\pm}$。为了实现经济效益最大化的目标，中央政府或流域环境主管部门对边际贡献大的省区存在一定的偏好，具体量化过程如下：鉴于我国各省区的 GDP 值在总体上呈逐年增长趋势，计算流域内省区 i 的历年 GDP 平均值时，倚重的近期数据越多，计算获得的历年 GDP 平均值越大，故 $\overline{\overline{GDP}}_i \geqslant \overline{GDP}_i$。为了更准确地量化流域内省区 i 的历年 GDP 平均值，选取 $\overline{GDP}_i$ 和 $\overline{\overline{GDP}}_i$，组成区间数 $[\overline{GDP}_i, \overline{\overline{GDP}}_i]$ 来度量流域内省区 i 的历年 GDP 平均值，并对区间数 $[\overline{GDP}_i, \overline{\overline{GDP}}_i]$ 进行归一化处理，获得流域内省区 i 的历年 GDP 平均值占流域 GDP 总值的比例区间数 $\alpha_{it}^{\pm}$，即

$$[\alpha_{it}^-, \alpha_{it}^+] = [\overline{GDP}_i/(\overline{GDP}_i + \sum_{l \neq i}^m \overline{GDP}_l), \overline{\overline{GDP}}_i/(\overline{\overline{GDP}}_i + \sum_{l \neq i}^m \overline{\overline{GDP}}_l)] \tag{6.13}$$

2) 决策参数 $BWP_{idt}^{\pm}$ 的率定。设规划年 t 流域内省区 i 的经济发展指标为 $Q_{it}(WP_{it}^{\pm})$，可用 GDP 等经济发展指标表示，令省区 i 的排污绩效函数用 $V_{idt}(WP_{idt}^{\pm})$ $=V_{idt}(Q_{it}(WP_{it}^{\pm})/WP_{idt}^{\pm})$ 表示，流域内省区 i 的 $Q_{it}(WP_{it}^{\pm})/WP_{it}^{\pm}$ 比值可以利用 Matlab7.0 软件的 cftool 工具箱，通过指数函数拟合法进行拟合，$BWP_{ijt}^{\pm}$ 的大小由

$\partial V_{idt}(WP_{idt}^{\pm})/\partial WP_{idt}^{\pm}$ 中幂指数前的系数表示。

3) 规划年 t 流域内省区 i 因减排水污染物 d 而受到的单位损失 $CWP_{idt}^{\pm}$ 的率定。根据省区 i 对污染物 d 的历年单位处理成本,利用 Matlab7.0 软件的 cftool 工具箱,基于"厚近薄远"的思想,结合省区 i 对污染物 d 的历年单位处理加权成本的散点图,选择合适的拟合方法予以确定。

4) 流域水污染物 d 的减排责任概率分布值 p_{dh} 的率定。流域减排责任期望值与历史统计区间年来水量和主要污染物入河湖排放量的变化趋势密切相关,其中,流域水域纳污能力是水量及其分布的正相关函数[7],历史统计区间年主要污染物入河湖排放量及其分布与流域水域纳污能力呈负相关性。流域水污染物 d 的减排责任概率分布值 p_{dh} 的率定过程如下:

① 确定不同年来水量水平 AL 出现的概率 $p_h(AL)$。对历史统计区间年的年来水量水平 AI 进行离散化处理,得不同的年来水量水平 AI 出现的概率 $p_h(AI)$,$\sum_{h=1}^{H} p_h(AI)=1$,其中,$h=1,2,\cdots,H$。当 $h=1$ 时,表示规划年的年来水量较少,为低流量,减排责任较大;当 $h=2$ 时,表示规划年的年来水量适中,为中流量,减排责任大;当 $h=H$ 时,表示规划年的年来水量较多,为高流量,减排责任较小。

② 确定污染物 d 入河湖量 $WPEL$ 的概率分布值 $p_{dh}(WPEL)$。对历史统计区间年的污染物 d 入河湖量 $WPEL$ 进行离散化处理,得污染物 d 入河湖量 $WPEL$ 出现的概率 $p_{dh}(WPEL)$,$\sum_{h=1}^{H} p_{dh}(WPEL)=1$,其中,$h=1,2,\cdots,H$。当 $h=1$ 时,表示规划年污染物 d 入河湖排放量较少,减排责任较小;当 $h=2$ 时,表示规划年污染物 d 入河湖排放量适中,减排责任小;当 $h=H$ 时,表示规划年污染物 d 入河湖排放量较多,减排责任较大。

③ 确定水污染物 d 的减排责任概率分布值 p_{dh}。由于不同年来水量水平 AI 对减排责任期望值具有负向影响,污染物 d 入河湖排放量 $WPEL$ 对减排责任期望值具有正向影响,为了使 $p_h(AI)$ 和 $p_{dh}(WPEL)$ 具有可加性,应统一两个概率分布值的影响方向,故流域水污染物 d 的减排责任概率分布值 p_{dh} 为 $p_{dh}=\xi p_h(AI)+(1-\xi)p_{d(H+1-h)}(WPEL)$,$\sum_{h=1}^{H} p_{dh}=1$,其中,$0 \leqslant \xi \leqslant 1, d=1,2,\cdots,D, h=1,2,\cdots,H$。$\xi$ 的取值将视流域的具体水环境状况和水资源禀赋等而定,其值越接近于1,表明规划年减排责任概率分布值受历年污染物入河湖排放量 $WPEL$ 的影响越大;若 $\xi=0.5$,表明历年污染物入河湖排放量 $WPEL$ 和年来水量水平 AI 对规划年流域减排责任概率分布值的影响相近;ξ 的取值越接近于0,表明规划年流域减排责

任概率分布值受历年来水量水平 AI 的影响越小。

(2) 约束条件中相关参数的率定

1) 规划年 t 流域内省区 i 的人口预测值 $X_{it}^{\pm}$ 的率定。利用 Matlab7.0 软件的 cftool 工具箱,根据历史统计区间年流域内省区 i 的人口数据的散点图,选择合适的拟合方法,对历史统计区间年流域内省区 i 的人口数据进行拟合,结合各省区的经济、政策和发展规划等影响因素的具体情况,预测规划年 t 流域内省区 i 的人口 $X_{it}^{\pm}$。

2) 流域内省区 i 关于污染物 d 的矫正系数 $\lambda_{id}^{\pm}$ 的率定。矫正系数的数值体现的应是流域内各省区社会经济发展连续性的效果,其取值范围应根据流域内各省区的污染物入河湖现状及水功能区的纳污能力等具体情况而定,并结合专家意见予以确定。

3) 流域内省区 i 关于污染物 d 的历年平均排污权 $\overline{WP}_{id}^{\pm}$。利用 Matlab7.0 软件的 cftool 工具箱,根据历史统计区间年流域内省区 i 关于污染物 d 排放量的散点图,选择合适的拟合方法,以充分反映其时间序列数据所蕴含的信息。

6.3.3 模型的求解

根据前文的分析,可知需要求解的基于纳污控制的太湖流域初始排污权 ITSP 配置模型如下:

$$\max f^{\pm} = \sum_{t=1}^{T}\sum_{i=1}^{m}\sum_{d=1}^{D} L_t \cdot \alpha_{it}^{\pm} \cdot WP_{idt}^{\pm} \cdot BWP_{idt}^{\pm} - \sum_{t=1}^{T}\sum_{i=1}^{m}\sum_{d=1}^{D}\sum_{h=1}^{H} L_t \cdot p_{dh} \cdot EWP_{idt}^{\pm} \cdot CWP_{idt}^{\pm}$$

$$\text{s.t.} \begin{cases} G_{dt}^{\pm} = \left[1 - \sum_{i=1}^{m}(X_{it}^{\pm} - X_{(i-1)t}^{\pm})(Y_{idt}^{\pm} - Y_{(i-1)dt}^{\pm})\right] \leqslant G_{dt_0}^{\pm} \\ X_{it}^{\pm} = X_{(i-1)t}^{\pm} + M_{it}^{\pm} \Big/ \sum_{i=1}^{m} M_{it}^{\pm} \\ Y_{idt}^{\pm} = Y_{(i-1)dt}^{\pm} + WP_{idt}^{\pm} \Big/ \sum_{i=1}^{m} WP_{idt}^{\pm} \\ \sum_{i=1}^{m} WP_{idt}^{\pm} \leqslant \widetilde{WP}_{jt}^{\pm} \\ |WP_{idt}^{\pm} - \overline{WP}_{id}^{\pm}| \leqslant \lambda_t^{\pm} \widetilde{WP}_{id}^{*} \\ WP_{idt}^{\pm} \leqslant GWP_{idt}^{\pm} \\ WP_{idt}^{\pm}, EWP_{idth}^{\pm} \geqslant 0 \\ i=1,2,\cdots,m; d=1,2,\cdots,D; t=1,2,\cdots,T; h=1,2,\cdots,H \end{cases} \quad (6.14)$$

决策变量 $WP_{idt}^{\pm}$ 和 $EWP_{idt}^{\pm}$ 是以区间数的形式表示的不确定数,很难判断其取何精确值时,太湖流域初始排污权配置的经济效益最大,故需要将区间两阶段随机规划模型转化为确定性模型,基于区间优化的思想,将模型(6.14)转化为目标上限值子模型和目标下限值子模型2个子模型,利用 Matlab7.0 软件的 GA 求解器予以求解。

(1) 目标上限值子模型及其求解

由于构建基于纳污控制的太湖流域初始排污权 ITSP 配置模型的目标是最大化太湖流域初始排污权配置的经济效益,因此,将目标函数 f^+ 定义为目标上限子模型,且可变形为:

$$\max f^+ = \sum_{t=1}^{T}\sum_{i=1}^{m}\sum_{d=1}^{D} L_t \cdot \alpha_{it}^+ \cdot WP_{idt}^+ \cdot BWP_{idt}^+ -$$
$$\sum_{t=1}^{T}\sum_{i=1}^{m}\sum_{d=1}^{D}\sum_{h=1}^{H} L_t \cdot p_{dh} \cdot CWP_{idt}^- \cdot EWP_{idth}^-$$

$$\text{s.t.} \begin{cases} 1+\sum_{i=1}^{m}\left|-M_{it}^{\pm}/\sum_{i=1}^{m}M_{it}^{\pm}\right|^{-}\cdot \text{sign}(-M_{it}^{\pm}/\sum_{i=1}^{m}M_{it}^{\pm})\cdot (2Y_{(i-1)dt}^{+}+ \\ WP_{idt}^{+}/\sum_{i=1}^{m}WP_{idt}^{+}) \leqslant G_{dt_0}^{+} \\ \sum_{i=1}^{m} WP_{idt}^{+} \leqslant \widetilde{W}P_{dt}^{+} \\ WP_{idt}^{+} \leqslant DWP_{idt}^{+} \\ \left|WP_{idt}^{+} - \overline{W}P_{id}^{-}\right| \leqslant \lambda_t^{+} \widetilde{W}P_{id}^{*} \\ WP_{idt}^{\pm}, EWP_{idth}^{\pm} \geqslant 0 \\ i=1,2,\cdots,m; d=1,2,\cdots,D; t=1,2,\cdots,T; h=1,2,\cdots,H \end{cases} \quad (6.15)$$

鉴于太湖流域初始排污权的目标上限值配置子模型(6.15)是一个含有复杂约束条件的优化问题,对于目标上限值子模型,利用通过 Matlab7.0 软件的 GA 求解器进行求解得 WP_{idtopt}^+, $EWP_{idthopt}^-$,并可据此计算得出 f_{opt}^+。

(2) 目标下限值子模型及其求解

同时,基于以上分析和目标上限值子模型的求解结果,可得到满足目标上限约束的目标下限值子模型:

$$\min f^- = \sum_{t=1}^{T}\sum_{i=1}^{m}\sum_{d=1}^{D} L_t \cdot \alpha_{it}^- \cdot WP_{idt}^- \cdot BWP_{idt}^- - \sum_{t=1}^{T}\sum_{i=1}^{m}\sum_{d=1}^{D}\sum_{h=1}^{H} L_t \cdot$$

$$p_{dh} \cdot EWP_{idth}^{+} \cdot CWP_{idt}^{+}$$

$$\text{s. t.} \begin{cases} 1 + \sum_{i=1}^{m} \left| -M_{it}^{\pm} / \sum_{i=1}^{m} M_{it}^{\pm} \right|^{+} \cdot \text{sign}(-M_{it}^{\pm} / \sum_{i=1}^{m} M_{it}^{\pm}) \cdot (2Y_{(i-1)dt}^{-} + \\ WP_{idt}^{-} / \sum_{i=1}^{m} WP_{idt}^{-}) \leqslant G_{dt_0}^{-} \\ \sum_{i=1}^{m} WP_{idt}^{-} \leqslant \widetilde{WP}_{dt} \\ WP_{idt}^{-} \leqslant DWP_{idt}^{-} \\ |WP_{idt}^{-} - \overline{WP}_{id}^{+}| \leqslant \lambda_{t}^{-} \widetilde{WP}_{id}^{*} \\ WP_{idt}^{-} \leqslant WP_{idtopt}^{+}, EWP_{idthopt}^{-} \leqslant EWP_{idth}^{+} \\ i = 1, 2, \cdots, m; d = 1, 2, \cdots, D; t = 1, 2, \cdots, T; h = 1, 2, \cdots, H \end{cases} \quad (6.16)$$

对于太湖流域初始排污权的目标下限值配置子模型(6.16),利用 GA 算法求解该模型得 $WP_{idtopt}^{-}, EWP_{idthopt}^{+}$,并可据此计算得出 f_{opt}^{-}。

结合两个子模型的解,得区间两阶段随机规划模型(6.14)的解为:$WP_{idtopt}^{\pm} = [WP_{idtopt}^{-}, WP_{idtopt}^{+}]$,$EWP_{idthopt}^{\pm} = [EWP_{idthopt}^{-}, EWP_{idthopt}^{+}]$,及 $f_{opt}^{\pm} = [f_{opt}^{-}, f_{opt}^{+}]$,则在减排责任 h 情形下,规划年 t 省区 i 配得水污染物 d 的初始排污权区间量为:$OPT_{idthopt}^{\pm} = WP_{idtopt}^{\pm} - EWP_{idthopt}^{\pm}$,为了后文表述的方便,仍记为 $WP_{idtopt}^{\pm}$。

综合以上分析,可得不同减排情形 h 下,规划年 t 水污染物 d 的太湖流域初始排污权配置方案 $Q_h = (WP_{1dtopt}^{\pm}, WP_{2dtopt}^{\pm}, \cdots, WP_{mdtopt}^{\pm})$,其中,$d = 1, 2, \cdots, D, t = 1, 2, \cdots, T, h = 1, 2, \cdots, H; m, D, T, H$ 分别表示配置省区、水污染物种类、时间样本点和减排情形类别的总数;opt 表示该配置量为基于纳污控制的太湖流域初始排污权 ITSP 配置模型得到的优化配置结果。

6.4 太湖流域初始排污权配置方案

6.4.1 数据的收集与处理

本文计算的是规划年 2020 年的太湖流域省区初始排污权配置方案。综合《太湖流域水环境综合治理总体方案(2013 年)》《太湖流域综合规划(2012—2030 年)》《太湖流域水资源保护规划及研究》提出的主要污染物入河湖控制总量意见作为目标总量,应用基于纳污控制的省区初始排污权 ITSP 配置模型,计算获得太湖流域江苏省、浙江省和上海市的初始排污权配置区间量。

(1) 基础数据

鉴于资料的可获取性,根据太湖流域的水污染特点,界定污染物控制指标为 COD、NH_3-N 和 TP。理由如下:太湖流域污染物控制指标包括 COD、NH_3-N、TP 和 TN,其中,COD 和 NH_3-N 是消除河道水体黑臭的关键控制指标;TP 和 TN 是控制太湖富营养化的控制指标,TP 是关键控制指标。利用水利部太湖流域管理局委托项目"太湖流域初始水权配置方法探索"(2009—2010)部分成果资料,通过《太湖流域及东南诸河水资源公报》《太湖健康报告》《太湖流域水环境综合治理总体方案(2013 年)》《中国环境统计年鉴》以及太湖流域各市区《环境状况公报》,以及水利部太湖流域管理局编《太湖流域水资源及其开发利用》《太湖流域水资源保护规划及研究》和调研等方式,得 2000—2012 年太湖流域各省区主要污染物入河湖量,如表 6.1 所示。

表 6.1　2000—2012 年太湖流域各省区主要污染物入河湖量

(单位:万 t/a)

年份	COD 排放量				NH_3-N 排放量				TP 排放量			
	江苏	浙江	上海	合计	江苏	浙江	上海	合计	江苏	浙江	上海	合计
2000	44.21	20.94	22.25	87.40	5.28	2.41	2.00	9.70	0.65	0.40	0.43	1.48
2001	43.28	23.66	22.65	89.59	4.98	2.23	2.28	9.49	0.61	0.40	0.41	1.41
2002	42.43	22.52	21.07	86.03	4.75	2.15	1.91	8.82	0.59	0.38	0.35	1.32
2003	46.56	22.81	20.85	90.21	4.49	2.05	1.83	8.37	0.57	0.37	0.32	1.25
2004	49.10	24.91	21.26	95.26	4.35	2.11	1.87	8.33	0.54	0.34	0.31	1.19
2005	52.80	22.19	20.68	95.66	5.35	2.04	1.65	9.04	0.52	0.36	0.27	1.16
2006	37.98	23.08	20.51	81.57	4.07	2.14	1.70	7.91	0.52	0.34	0.30	1.16
2007	34.08	20.60	19.20	73.87	3.22	1.92	1.65	6.80	0.52	0.33	0.27	1.12
2008	30.91	17.63	18.12	66.66	2.88	1.84	1.62	6.34	0.47	0.32	0.26	1.06
2009	25.99	16.92	16.53	59.45	2.54	1.77	1.46	5.78	0.43	0.33	0.26	1.03
2010	19.54	16.20	14.93	50.67	2.56	1.71	1.34	5.60	0.41	0.28	0.26	0.95
2011	18.74	15.22	16.91	50.87	2.07	1.59	1.29	4.96	0.38	0.26	0.24	0.88
2012	17.99	14.42	16.48	48.89	1.98	1.64	1.22	4.84	0.36	0.25	0.22	0.83

(2) 主要污染物入河湖控制总量的确定

由于各个规划方案的规划范围与纳污能力计算方法不同,致使规划年 2020 年主要污染物入河湖控制目标控制总量并不统一。为尽可能真实的反映水域纳污能力，本研究以区间数来表示主要污染物入河湖控制总量，如表6.2所示。

表6.2 2020年各省区主要污染物入河湖总量控制目标 （单位：t/a）

污染物指标		COD	NH$_3$-N	TP
行政分区	江苏省	[143 939.19, 236 921.00]	[16 623.00, 18 471.00]	[2 248.20, 2 498.00]
	浙江省	[104 553.00, 116 170.00]	[10 704.60, 11 894.00]	[1 814.40, 2 016.00]
	上海市	[133 463.86, 148 293.18]	[9 225.05, 10 853.00]	[1 108, 1 766.86]
合计		[381 956.05, 501 384.18]	[36 553.55, 41 218.00]	[5 170.40, 6 280.86]
总目标		[393 573.05, 440 015.82]	[36 918, 38 703.85]	[5 233.16, 5 814.62]
2012年现状量		488 939.80	48 379.82	8 306.60
较2012年消减率(%)		[10.00, 19.50]	[20.00, 23.69]	[30.00, 36.70]

6.4.2 参数的率定

（1）目标函数中相关决策参数的率定

由于本节的计算目的是获得规划年2020年的太湖流域省区初始排污权配置方案，故可设$t=1$，规划时长为$L_1=1$年。为了表述方便，后文$t=1$省略不记。

1）规划年2020年中央政府或流域环境主管部门对各省区的偏好$\alpha_i^\pm$的率定

对经济效益边际贡献大省区i的偏好$\alpha_i^\pm$的率定过程如下：①采用算术平方数法，根据式(6.11)，计算获得2000—2012年太湖流域江苏省、浙江省和上海市三个省区的GDP平均值$\overline{GDP}_i$，$i=1,2,3$；②利用指数平滑法，取系数为0.9，根据式(6.12)，计算获得2000—2012年太湖流域江苏省、浙江省和上海市三个省区的GDP加权平均值$\overline{\overline{GDP}}_i$，$i=1,2,3$；③将历年GDP平均值的计算结果组合成区间数$[\overline{GDP}_i, \overline{\overline{GDP}}_i]$，根据式(6.13)对其进行归一化处理，计算获得中央政府或太湖流域环境主管部门对江苏省、浙江省和上海市3个省区的偏好$\alpha_i^\pm$。如表6.3所示。

表6.3 2020年流域环境主管部门对各省区的偏好区间数

行政分区	2000—2012年GDP平均值(亿元)			偏好区间数 $\alpha_i^\pm$
	算术平方根法	指数平滑法	区间数	
江苏省	4 982.38	6 154.55	[4 982.38, 6 154.55]	[0.39, 0.47]
浙江省	1 757.97	2 099.73	[1 757.97, 2 099.73]	[0.13, 0.17]
上海市	5 181.92	5 752.52	[5 181.92, 5 752.52]	[0.39, 0.46]

2) 决策参数单位排污收益 $BWP_{id}^{\pm}$ 的率定

利用表 4.1 和表 6.1 中数据,计算流域内 3 个省区 2000—2012 年 GDP 与 COD 入河湖量的比值 $Q_i(WP_{i1}^{\pm})/WP_{i1}^{\pm}$、GDP 与 NH_3-N 入河湖量的比值 $Q_i(WP_{i2}^{\pm})/WP_{i2}^{\pm}$、GDP 与 TP 入河湖量的比值 $Q_i(WP_{i3}^{\pm})/WP_{i3}^{\pm}$,$i=1,2,3$。

3) 规划年 2020 年某省区因减排污染物而受到的单位损失。本应根据省区 i 对污染物 d 的历年单位处理成本予以确定,鉴于数据的采集难度大,本研究换另一种角度进行测量,即若省区 i 未减排单位污染物 d,则污染物排放权量可为省区 i 创造 $BW_{id}^{\pm}$ 的收益,故可令规划年 2020 年省区 i 因减排污染物 d 而受到的单位损失为 $BW_{id}^{\pm}$,万元/t。

4) 不同来水量和污染物排放情形 h 下,水污染物 d 的减排责任概率分布值 p_{dh}。将太湖流域历年来水量和污染物 d 排放量按离散函数处理,得太湖流域历年水资源量(本地)概率分布值 $p_h(AI)$ 和历年污染物 d 入河湖量的概率分布值 p_{dh} (WPEL),如表 6.5 所示。当 $h=1$ 时,表示规划年的年来水量较少,为低流量,减排责任较大;当 $h=2$ 时,表示规划年的年来水量适中,为中流量,减排责任大;当 $h=H$ 时,表示规划年的年来水量较多,为高流量,减排责任较小。

表 6.5 不同减排情形下的概率分布值

类别	减排情形 $h=1$（减排责任大）	减排情形 $h=2$（减排责任中）	减排情形 $h=3$（减排责任小）
$p_h(AI)$	0.31	0.38	0.31
来水量变化区间	[110.60,156.43]	[156.43,202.27]	[202.27,248.1]
$p_{1h}(WPEL)$	0.31	0.15	0.54
COD 变化区间	[488 939.80,644 841.62]	[644 841.63,800 743.45]	[800 743.45,956 645.28]
$p_{2h}(WPEL)$	0.38	0.15	0.46
NH_3-N 变化区间	[48 379.82,60 524.41]	[60 524.42,84 813.59]	[84 813.60,96 958.18]
$p_{3h}(WPEL)$	0.31	0.46	0.23
TP 变化区间	[8 306.60,9 941.02]	[9 941.03,11 575.45]	[11 575.46,14 844.30]

利用式 $\sum_{h=1}^{3} p_{dh} = \sum_{h=1}^{3} (\xi p_h(AI) + (1-\xi) p_{d(4-h)}(WPEL)) = 1, d=1,2,3$,得

$(p_{dh})_{3\times 3} = \begin{bmatrix} 0.49 & 0.25 & 0.26 \\ 0.40 & 0.25 & 0.35 \\ 0.26 & 0.43 & 0.31 \end{bmatrix}$,其中,规划年 2020 年排污期望值与规划年的来

水量、历年污染物排放趋势密切相关,但更大程度受到历年污染物排放量的影响,据此取 $\xi=0.4$。

(2) 约束条件中相关参数的率定

1) 体现社会效益约束条件中相关参数的率定

① 现状年 2012 年基于人口数量指标的污染物 d 的基尼系数 $G_{d_0}^\pm$。结合式 (6.7),输入表 4.1 和 6.1 中的 2012 年太湖流域江苏省、浙江省和上海市的人口数量、污染物入河湖量的数据,得太湖流域关于人口数量指标的 COD、NH_3-N 和 TP 的现状基尼系数为[0.329,0.329]、[0.294,0.294]、[0.289,0.289]。

② 2020 年太湖流域各省区人口数量的预测。对 2000—2012 年太湖流域江苏省、浙江省和上海市的常住人口数据进行拟合,结合各省区的经济、政策和发展规划等影响因素的具体情况,预测得 2020 年太湖流域江苏省、浙江省和上海市的常住人口数量分别为 2 688.15 万人、1 941.08 万人和 2 632.00 万人。

2) 体现社会经济发展连续性约束条件中相关参数的率定

① 矫正系数 $\lambda_{zd}^\pm$。矫正系数数值体现的是保障太湖流域各省区社会经济发展连续性的效果,其取值范围将根据流域内各省区的污染物入河湖现状及水功能区的纳污能力等具体情况而定,参考相关参考文献和咨询专家意见,给出矫正系数 $\lambda_{zd}^\pm$ 的值为 $(\lambda_{zd}^\pm)_{3\times 3} = \begin{bmatrix} [0.15,0.20] & [0.13,0.18] & [0.33,0.38] \\ [0.23,0.28] & [0.29,0.34] & [0.17,0.22] \\ [0.14,0.19] & [0.20,0.25] & [0.43,0.48] \end{bmatrix}$。

② 太湖流域各省区历年分配到的平均排污权 $\overline{WP}_{zd}^\pm$。从表 6.1 中各省区的污染物入河湖量的数据可以看出,江苏省 COD 入河湖量、江苏省 NH_3-N 入河湖量、江苏省 TP 入河湖量、浙江省 TP 入河湖量和上海市 TP 入河湖量的时间序列数据呈下降的发展趋势类型,利用指数平滑法求历年污染物平均排放量,指数平滑系数 a 应取较大的值,取值范围为 0.6~0.9,为了充分反映其时间序列数据信息,指数平滑系数分别取 0.6 和 0.9,以区间数的形式来表示其历年污染物平均排放量,分别为[180 818.58,190 267.75]t/a、[19 977.78,21 134.97]t/a、[3 598.22, 3 741.29]t/a、[2 537.82,2 626.15]t/a 和[2 228.34,2 316.59]t/a。浙江省 COD 入河湖量、浙江省 NH_3-N 入河湖量、上海市 COD 入河湖量和上海市 NH_3-N 入河湖量的时间序列数据波动相对比较平稳,指数平滑系数 a 应取较小的值,为了充分反映其时间序列数据信息,指数平滑系数分别取 0.3 和 0.6,以区间数的形式来表示其历年污染物平均排放量,分别为[150 042.65,164 424.30]t/a、[16 460.95, 17 180.69]t/a、[164 939.38,169 238.11]t/a 和[12 660.14,13 761.84]t/a。

6.4.3 太湖流域各省区初始排污权配置结果及分析

将相关参数数据输入式(6.15),采用 GA 算法,使用 Matlab 中求解不同减排情形下的目标上限值子模型。程序终止得到目标上限值子模型最优解得 W_{idhopt}^{+} 和 f_{hopt}^{+},$h=1,2,3$,优化迭代过程及优化结果见图 6.1、图 6.2 和图 6.3。

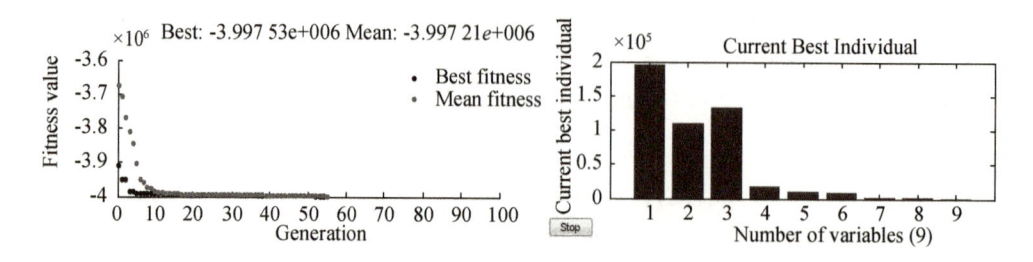

图 6.1 f_{1opt}^{+} 的优化过程及结果

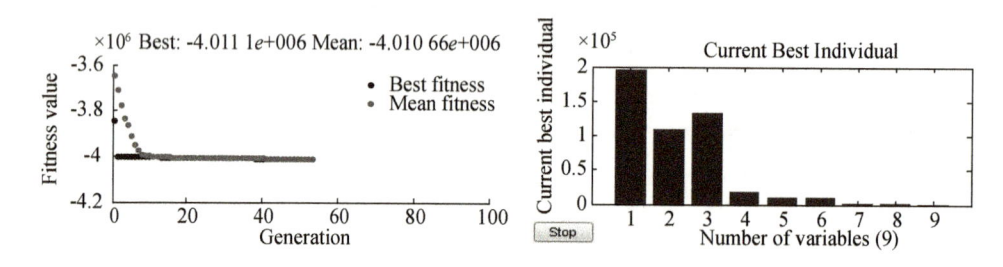

图 6.2 f_{2opt}^{+} 的优化过程及结果

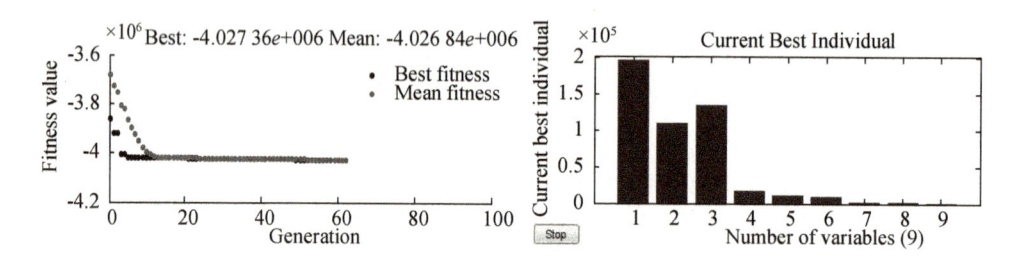

图 6.3 f_{3opt}^{+} 的优化过程及结果

将目标上限值子模型的运行结果 W_{idhopt}^{+} 及相关参数输入式(6.16),利用 GA 算法求解该模型得 W_{idhopt}^{-} 和 f_{hopt}^{-},$h=1,2,3$,优化迭代过程及优化结果见图 6.4、图 6.5 和图 6.6。

结合两个子模型的求解结果,得区间两阶段随机规划模型的解为:规划年 2020 年太湖流域各省区的经济效益最优区间值为 $f_{hopt}^{\pm}=[f_{hopt}^{-},f_{hopt}^{+}]$,$h=1,2,3$;各省区初始排污权的优化配置区间量为 $WP_{idhopt}^{\pm}=[WP_{idhopt}^{-},WP_{idhopt}^{+}]$,$i=1,2,3$;

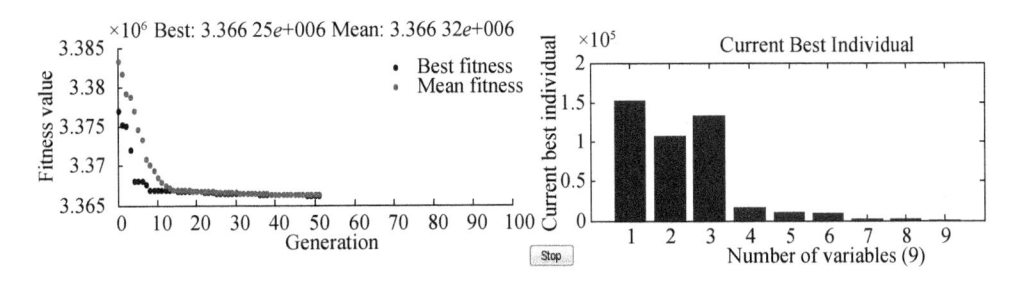

图 6.4 f_{1opt}^- 的优化过程及结果

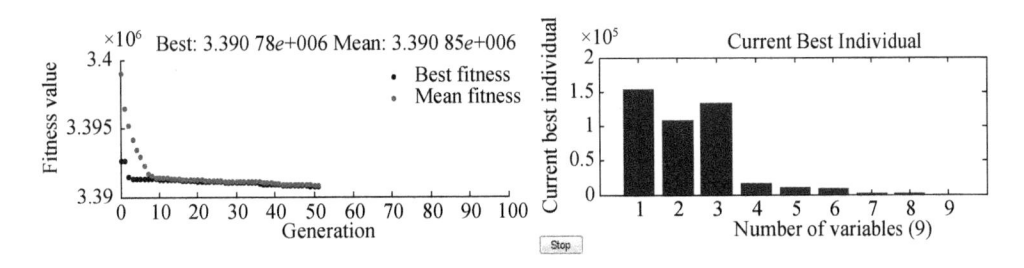

图 6.5 f_{2opt}^- 的优化过程及结果

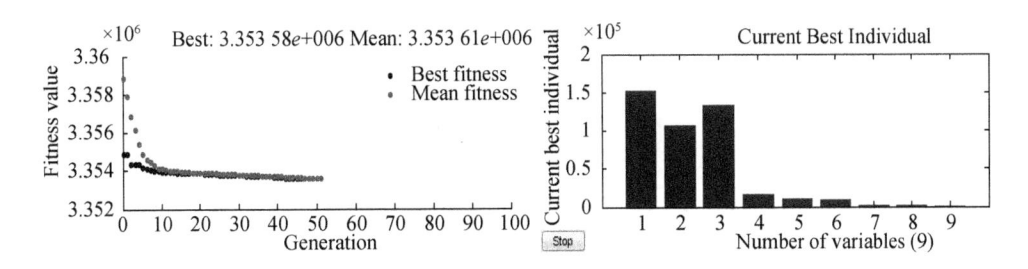

图 6.6 f_{3opt}^- 的优化过程及结果

$d=1,2,3;h=1,2,3$,三种减排情形下 2020 年太湖流域各省区初始排污权配置方案,具体见表 6.6。

表 6.6　2020 年太湖流域各省区初始排污权配置方案　　（单位:t/a）

配置对象	行政区划	最优配置量	配置方案 减排情形 $h=1$（减排责任大）	配置方案 减排情形 $h=2$（减排责任中）	配置方案 减排情形 $h=3$（减排责任小）
COD 排污权量	江苏省	$WP_{\overline{11}hopt}^\pm$	[153 700.60, 196 712.08]	[152 764.34, 196 728.90]	[152 680.75, 196 701.72]
COD 排污权量	浙江省	$WP_{\overline{21}hopt}^\pm$	[108 295.98, 109 667.01]	[107 603.81, 109 653.88]	[107 429.62, 109 664.97]

续表

配置对象	行政区划	最优配置量	配置方案		
			减排情形 $h=1$（减排责任大）	减排情形 $h=2$（减排责任中）	减排情形 $h=3$（减排责任小）
COD排污权量	上海市	$WP_{31hopt}^{\pm}$	[133 465.42, 133 634.92]	[133 473.14, 133 633.04]	[133 463.87, 133 649.03]
NH$_3$-N排污权量	江苏省	$WP_{12hopt}^{\pm}$	[16 743.88, 17 654.72]	[16 745.53, 17 855.13]	[16 746.56, 18 044.63]
	浙江省	$WP_{22hopt}^{\pm}$	[10 833.38, 10 702.36]	[10 932.05, 10 822.73]	[10 943.18, 10 943.18]
	上海市	$WP_{32hopt}^{\pm}$	[9 345.41, 9 463.46]	[9 365.48, 9 594.66]	[9 346.53, 9 707.62]
TP排污权量	江苏省	$WP_{13hopt}^{\pm}$	[2 268.48, 2 451.48]	[2 360.53, 2 498]	[2 455.79, 2 498.00]
	浙江省	$WP_{23hopt}^{\pm}$	[1 868.31, 1 868.31]	[1 886.39, 1 886.39]	[1 889.42, 1 889.42]
	上海市	$WP_{33hopt}^{\pm}$	[1 108.16, 1 287.01]	[1 166.17, 1 339.59]	[1 253.96, 1 387.25]
流域经济效益最优区间数（亿元）		$f_{hopt}^{\pm}$	[335.353 39.08, 399.75]	[336.63, 401.11]	[339.08, 402.74]

（1）通过分析表6.6的内容，得到如下结论。

①在 $h=1,2,3$ 三种减排情形下，江苏省、浙江省和上海市的COD初始排污权配置区间量没有明显变化。原因是现状年三个省区COD排放量之和为488 939.80 t/a，而根据《太湖流域综合规划（2012—2030年）》计算成果，按照1971年降水过程 $P=90\%$ 作为纳污能力计算的设计降雨条件，计算得流域水功能区关于COD纳污能力为547 055 t/a，故现状年的COD排放量已控制在流域水功能区关于COD的纳污能力之内。因此，COD限制排放总量在三省区之间的配置与减排情形的关系较小，致使在三种减排情形下，江苏省、浙江省和上海市的COD初始排污权配置区间量没有明显变化。

② 在 $h=1,2,3$ 三种减排情形下，江苏省、浙江省和上海市的 NH$_3$-N 初始排污权配置区间量总体上呈上升或递增趋势。原因如下：一是现状年三个省区 NH$_3$-N 排放量之和超过流域水功能区关于 NH$_3$-N 纳污能力，即 48 379.82 t/a＞37 487 t/a，NH$_3$-N 限制排放总量在江苏省、浙江省和上海市的初始排污权配置将会受到减排情形的影响；二是在减排情形 $h=1$ 时，即太湖流域在规划年2020年内来水量较少，排污需求较高，太湖流域减排责任较大，为了将流域 NH$_3$-N 入河湖排污总量限制在其纳污能力之内，会相应地减少 NH$_3$-N 在江苏省、浙江省和上海

市初始排污权配置区间量。

③ 在 $h=1,2,3$ 三种减排情形下,江苏省、浙江省和上海市的 TP 初始排污权配置区间量总体上呈上升或递增趋势。原因如下:现状年三个省区 TP 排放量之和超过流域水功能区关于 TP 纳污能力,即 8 306.60 t/a>3 567 t/a,减排情形将会影响 TP 限制排放总量在三省区的初始排污权配置;二是在减排情形 $h=1$ 时,太湖流域减排责任较大,为了将流域 TP 入湖排污总量限制在其纳污能力之内,会相应的减少 TP 在江苏省、浙江省和上海市初始排污权配置区间量。

(2) 在 $h=1,2,3$ 三种减排情形下,太湖流域各省区因初始排污权的配置产生的总体经济效益最优区间数分别为[335.35,399.75]亿元、[336.63,401.11]亿元和[339.08,402.74]亿元。在 $h=1,2,3$ 三种减排情形下,①太湖流域各省区因初始排污权的获得而产生的总体经济效益最优区间数的下限值分别为 335.35 亿元、336.63 亿元和 339.08 亿元,总体上呈上升或递增趋势;②太湖流域各省区因初始排污权的获得而产生的总体经济效益最优区间数的上限值分别为 399.75 亿元、401.11 亿元和 402.74 亿元,总体上呈上升或递增趋势;③太湖流域各省区因初始排污权的获得而产生的总体经济效益最优区间数的期望值分别为 367.55 亿元、368.87 亿元和 370.91 亿元,总体上呈上升或递增趋势,这表明若太湖流域在规划年 2020 年来水量较少,排污需求较高,减排责任较大时,其因初始排污权配置而产生的总体经济效益较少。

6.5 本章小结

本章主要研究的是基于纳污控制的太湖流域初始排污权的配置问题,具体研究结论如下:

(1) 系统分析了太湖流域初始排污权配置模型构建的配置要素及其关键技术。首先,从纳污控制理论研究和实践借鉴两个角度,系统分析在太湖流域初始排污权的配置过程中实行纳污控制的必要性,分析结果表明加强水污染物分类控制,科学核定水域的纳污能力,实施纳污控制具有理论和现实意义;其次,在分析界定纳污控制指标意义的基础上,阐述纳污控制指标的界定技术,及 COD、$NH_3\text{-}N$、TN 和 TP 等纳污控制指标对水质的影响;最后,系统介绍 ITSP 方法的具体技术及其求解思路。

(2) 构建了基于纳污控制的太湖流域初始排污权 ITSP 配置模型。根据太湖流域初始排污权配置的基本假设,利用 ITSP 方法,以因太湖流域初始排污权配置而获得的初始排污权所产生的经济效益为第一个阶段,以因承担减排责任而可能产生的减排损失为第二个阶段,以太湖流域初始排污权的配置结果实现经济效益最优为目标函数,以太湖流域初始排污权的配置结果能够体现社会效益、生态环境效益和社会经济发展连续性为约束条件,构建基于纳污控制的太湖流域初始排污权 ITSP 配置模型,并基于区间优化的思想,对配置模型进行求解,获得不同减排情形 h 下,规划年 t 关于水污染物 d 的太湖流域初始排污权配置方案 Q_h,$h=1,2,\cdots,H$,实现污染物入河湖限制排污总量(WP$_d$)在流域内各省区间的分类配置。

(3) 完成规划年 2020 年太湖流域初始排污权配置方案设计。在三种减排情形下,2020 年太湖流域各省区的初始排污权配置结果表明:①江苏省、浙江省和上海市的 COD 初始排污权配置区间量没有明显变化,其 NH_3-N 和 TP 初始排污权配置区间量总体呈上升或递增趋势;②太湖流域各省区因初始排污权的配置产生的总体经济效益最优区间数分别为[335.35,399.75]亿元、[336.63,401.11]亿元和[339.08,402.74]亿元,最优区间数的下限值、上限值及期望值总体呈上升或递增趋势。分类确定不同减排情形下的配置方案,并提出方案实施的政策建议,为排污权配置决策提供更为准确的决策空间。

第 7 章
太湖流域初始水权量质耦合配置方案设计

太湖流域初始水权配置是政府主导下的水资源配置模式,是实现水权交易、发挥市场在资源配置中起决定性作用的重要前提。本章以 GSR 理论为基础,借鉴二维初始水权配置理念,利用政府 Agent,即以中央政府或流域管理机构为主组成的配置主体,在太湖流域初始水权量质耦合配置系统中的特殊地位和作用,根据太湖流域初始水权量质耦合配置原则,耦合太湖流域初始水量权与初始排污权的配置结果,通过"奖优罚劣"的强互惠措施设计,构建基于 GSR 理论的流域初始水权量质耦合配置模型,将水质影响耦合叠加到水量配置,以此获得太湖流域内各省区的初始水权量质耦合配置方案。

7.1 初始水权量质耦合配置的基本原则、主客体及基本思路

7.1.1 初始水权量质耦合配置的基本原则

太湖流域初始水权量质耦合配置是指以中央政府或流域管理机构为主,省区人民政府参与的民主协商形式为辅,耦合太湖流域初始水量权和初始排污权的配置结果,基于"奖优罚劣"的原则,将水质的影响耦合叠加到水量配置。因此,太湖流域初始水权量质耦合配置原则主要包括如下两项:

(1) 政府主导、民主协商原则

在太湖流域初始水权量质耦合配置的过程中,应坚持中央政府或流域管理机构在配置中的主导地位。从政治的角度讲,中央政府或流域管理机构在维护各省区公共用水利益、公共用水意志和公共用水权力方面具有强制性,可保障配置结果的公平性和可操作性[244];从经济学的角度讲,水资源开发、利用、节约和保护都具有很强的外部性,水量权和排污权配置易由此导致市场失灵。因此,太湖流域初始

水权量质耦合配置离不开中央政府或太湖流域管理局的调控和监督；从法律的角度讲，中央政府或太湖流域管理局是水资源所有权的代表，水权配置是水资源所有权和使用权的分离过程，必须以中央政府或太湖流域管理局为主导。同时，耦合配置必须体现省区人民政府民主协商的参与原则，以反映太湖流域内各省区的用水意愿和主张，实现民主参与，提高各省区人民对配置结果的满意度。

(2) "奖优罚劣"原则

从流域水循环的角度看，初始水量权配置是水资源的取、用、耗、排过程的统一[15, 245]。太湖流域初始水权量质耦合配置应坚持权利与义务相结合的原则，在配置过程中统一考虑取、用、耗、排对水量配置的影响[7]。各省区在享受中央政府或太湖流域管理局配置的初始水量权和排污权的同时，要履行保护水环境甚至减排水污染物的义务，将水资源利用的外部性内化到水量的配置上，对超标排污"劣省区"采取水量折减惩罚手段，对未超标排污的"优省区"施予水量奖励安排，实现基于用水总量控制和入河湖排污总量控制的初始水权配置，量质耦合获得太湖流域内各省区的初始水权量质耦合配置方案。

7.1.2 初始水权量质耦合配置的配置主体及客体

(1) 配置主体的确定

太湖流域初始水权量质耦合配置的配置主体包括：①太湖流域、江苏省、浙江省、上海市的环境主管部门主导，其他行政主体参与民主协商，但参与主体各异。如发改、法制、财政、经贸、物价、公共资源交易管理委员会等不同行政部门参与。②中央政府或太湖流域管理局，以及作为受益者的江苏省、浙江省和上海市政府的相关管理部门。

(2) 配置客体的确定

太湖流域初始水权量质耦合配置的配置主体，根据"奖优罚劣"原则，对太湖流域初始水量权的差别化配置结果进行调整，对超标排污"劣省区"采取水量折减惩罚手段，对未超标排污的"优省区"施予水量奖励安排，将水质耦合到水量权的配置过程中。因此，太湖流域初始水权量质耦合配置的配置客体为太湖流域初始水量权的差别化配置方案。

7.1.3 初始水权量质耦合配置的配置思路

(1) 太湖流域初始水权量质耦合配置理论的适用性分析

1) GSR 理论的适用性分析

GSR理论，即政府强互惠理论，是指政府型强互惠者可通过制度的理性设计，利用合法性权力对卸责者或不合作者给予有效的强制惩罚，以维持合作秩序和体现群体对共享意义（Comsign）的利益诉求[227]。太湖流域初始水权量质耦合配置过程，是一个以中央政府或太湖流域管理局为主导的，耦合太湖流域初始水量权与初始排污权的配置结果，将水质的影响耦合叠加到水量配置的过程。GSR理论的适用性主要表现如下：①政府Agent处于强互惠者地位，可通过理性的制度安排，将那些对各省区Agent（流域内各省区的用水户组成的）有共享意义的利益诉求，达成共识的行为规范。其中，共享意义代表可分配水资源量$W_t^{P_0}$（扣除各省区生活饮用水、生态环境用水权总量的规划年t的可分配水资源量），利益诉求代表各省区的用水需求。②根据"奖优罚劣"原则，应对超标排污的不合作省区以减少水量权的方式进行利他惩罚，对未超标排污的合作省区以增加水量权的方式进行奖赏，而GSR理论指出政府Agent对不合作省区Agent给予强制惩罚，对合作的省区Agent设计强互惠措施，表达了对违反水污染物入河湖总量控制制度的行为纠正和对合作秩序的维持，政府Agent的行为能力及合法性优势使得其强互惠特性得以充分展现，正因为这样的强互惠者政府Agent的固定存在，那些被共同认知到的对于初始水权配置具有共享意义的合作与利他等规范才能被制度化，进而实现水资源的高效配置。

2）流域二维水权配置理论的适用性分析

流域二维水权配置理论是一种在初始水权（水量权）配置过程中统筹考虑水量和水质的理论，目的是将水质影响集成到水量分配，典型的流域二维水权配置理论的配置理念为"对超标排污区域进行水量折减"，其中，二维水权是指水量使用权（水量）和排污权（水质）的统一[7, 208, 229]。水量和水质是水权的两个基本属性，在太湖流域初始水权的配置过程中，必须将水质的影响有效集成到水量的配置中。"对超标排污区域进行水量折减"的初始二维水权配置理念[7, 208]在一定程度上反映了水量和水质的耦合统一。因此，本章可借鉴流域二维水权配置理论的配置理念，利用强互惠政府Agent在太湖流域初始水权配置过程中的特殊地位和作用，根据太湖流域初始水权量质耦合配置原则，设计基于"奖优罚劣"原则的强互惠制度，对超标排污的省区Agent，以折减其水量权的方式进行惩罚；对未超标排污的省区Agent，以增加其水量权的方式进行奖赏，将水质影响耦合叠加到水量权配置，计算获得太湖流域初始水权量质耦合配置方案。

（2）基本思路

结合前文获得的用水效率多情景约束下太湖流域初始水量权配置方案，以及不同减排情形下的太湖流域初始排污权配置方案,从政府强互惠的角度入手,在分析基于 GSR 理论的量质耦合配置系统的构成要素及其相互作用关系的基础上,利用强互惠者政府 Agent 在太湖流域初始水权耦合配置系统中的特殊地位和作用,政府 Agent 通过一个制度安排(IA)耦合太湖流域初始水量权与初始排污权的配置结果,构建基于 GSR 理论的流域初始水权量质耦合配置模型。该模型构建的基本思路为:①为实现各省区 Agent 对可配置水量的差别化共享,采用用水效率多情景约束下太湖流域初始水量权配置结果,设计省区 Agent 获取初始水量权的行为规则;②根据"奖优罚劣"原则和政府主导及民主参与原则,设计太湖流域初始水权量质耦合配置的强互惠制度:针对超标排污省区 Agent,设计水量折减惩罚手段;针对未超标排污的省区 Agent,设计水量奖励安排或强互惠措施,从而将水质影响耦合叠加到水量配置,获得太湖流域初始水权量质耦合配置方案。

7.2 基于 GSR 理论的量质耦合配置系统的构成要素分析

太湖流域初始水权配置系统是由水以及与水有关的社会因素、经济因素、生态环境因素交织在一起形成的,是一个自然体系与人类活动相结合的复杂系统,具有社会经济属性、生态环境属性和自然属性。太湖流域初始水权量质耦合配置的过程,在受到生态环境因素与自然规律的影响与制约的同时,也受到政府 Agent 的主导与支配。太湖流域初始水权配置系统的构成要素包括两大类:由中央政府或太湖流域管理局为主组成的政府 Agent,以及由太湖流域内各省区的用水户组成的省区 Agent。

7.2.1 基于 GSR 理论的量质耦合配置系统的构成要素

(1) 由以中央政府或太湖流域管理局为主组成的政府 Agent

政府 Agent 作为职业化(Professionalize)的强互惠者,通过一个充分体察所代表省区 Agent 对具有共享意义的用水利益诉求的制度设计,以合法的身份对不合作者实施利他惩罚,及合作者实施强互惠安排,被群众和社会所认可。因此,政府 Agent 在太湖流域初始水权量质耦合配置过程中拥有特殊地位和作用,具体如下:

1) 政府 Agent 在太湖流域初始水权量质耦合配置过程中拥有特殊地位

政府 Agent 在太湖流域初始水权量质耦合配置过程中,对超标排污者实施利他惩罚,对未超标排污者实施强互惠安排时具有合法性,这决定了政府 Agent 在太湖流域初始水权量质耦合配置过程的特殊地位。由于省区 Agent 之间是存在差异的,这种差异性在排污过程中表现为两种行为倾向:合作者,即达标排污的省区;不合作者或卸责者,即未达标或违规排污者。合法下的政府 Agent 实际上是以代理人的身份表达了群体或社会对违背排污规则的行为纠正和对合作秩序的维护,具有对的辨识能力和利他惩罚的合法权利,对未达标排污省区以水量折减的形式进行利他惩罚,对达标排污的省区以奖励水量的形式进行强互惠安排,维护对群体用户或社会所认同的行为模式和水资源管理制度。

2) 政府 Agent 在太湖流域初始水权量质耦合配置过程中发挥特殊作用

政府 Agent 可通过理性的制度设计影响省区 Agent 的用水行为,比如设计基于"奖优罚劣"的惩罚手段和强互惠措施,将水质对水量配置的影响内置化于制度设计。制度化是习惯、习俗以及其他被群体所共识的意义以具体形式固定下来的过程[227],制度化的过程是对群体的排污行为规范和用水共享意义的一系列刻画。同时,也正因为具有强互惠地位的政府 Agent 的固定存在,被共同认知到的对于污染物减排有意义的诸如合作与利他等规范,才能被制度化,水质对水量配置的影响才能真正影响省区 Agent 的用水行为,水资源才可能实现更有效率的配置。同时,对超标排污的省区进行水量折减惩罚,对未超标排污的省区进行水量补偿奖励,可提高省区 Agent 治污减排的积极性。因此,政府 Agent 在纳污总量控制制度的落实过程中发挥着重要作用。

(2) 由流域省区内的用水户组成的省区 Agent

由流域省区内的用水户组成的省区 Agent,具有有限理性及相对对立性,能够感知水资源和水环境的变化,通过交互、耦合、协调、学习,不断地改变各省区内的用水策略和排污行为,以适应水量和水质的变化。在用水过程中,一方面,省区 Agent 会根据其可获得的水量,通过调节自己的用水状态调整自己的用水行为,提高用水效率,从而减少负外部性的产生,以保障水资源的有效利用和可持续发展[228];另一方面,太湖流域的水环境容量和水资源量总量是一定的,这导致一个省区 Agent 的排污超标,必会影响另一个省区 Agent,尤其是处于下游省区 Agent 所取到的水量的质量,等量低质的水量实质上是对水量的折减,这对其是不公平的,可能会因此激发潜在矛盾,甚至引发水资源冲突。

7.2.2 量质耦合配置系统的构成要素之间的作用关系分析

(1) 政府 Agent 依靠其强互惠制度设计引导省区 Agent 的用水行为

在太湖流域初始水权量质耦合配置过程中,政府 Agent 依靠其强互惠制度设计引导省区 Agent 的行为主要表现在以下两点:一是充分体察所代表省区 Agent

对用水利益诉求的配置制度设计，首先要体现各省区 Agent 用水差异和用水效率控制强弱，本章采用的是用水效率多情景约束下太湖流域初始水量权的初步配置结果，该水量权配置结果可充分反映省区的差异性以及用水效率的控制约束强弱，可引导省区 Agent 提高用水效率，实现水资源的高效利用。二是通过对超标排污省区 Agent 设计水量折减惩罚手段，对未超标排污的省区 Agent 施予水量奖励的强互惠措施安排，可引导省区 Agent 推进产业结构的调整和升级，实施清洁生产；提高污染物处理能力，减少水污染物的排放。

(2) 省区 Agent 依据其差异性影响政府 Agent 的强互惠制度设计

在太湖流域初始水权量质耦合配置过程中，省区 Agent 的水资源开发利用差异性影响政府 Agent 的强互惠制度设计主要体现在以下两点：一是省区 Agent 的现状用水差异、资源禀赋差异、未来发展需求差异和用水效率控制约束差异，直接影响政府 Agent 对省区 Agent 的用水利益诉求的考虑与安排，即影响太湖流域初始水量权的配置结果（仅有水量控制）。二是政府 Agent 在设计水量折减惩罚手段和水量奖励强互惠措施时，保证政府 Agent 在水权配置过程中处于强互惠主导地位的前提下，应体现省区 Agent 参与民主协商的原则，以反映各省区的用水意愿和主张，实现民主参与，提高水权配置结果的可操作性与满意度。

7.3 基于 GSR 理论的太湖流域初始水权量质耦合配置模型的构建

政府强互惠者配置太湖流域初始水权的制度安排（IA），就是中央政府或太湖流域管理局通过一个设计（g），统筹协调用水总量控制制度和水功能区限制纳污制度，嵌入用水效率控制约束，根据"奖优罚劣"原则和政府主导及民主参与原则，将水质影响耦合叠加到水量配置，将量质配置太湖流域初始水权的共识（共享意义，Comsign）进行规范化的过程，记为 IA＝g(Comsign)。首先，利用太湖流域初始水量权的配置结果，实现用水效率多情景约束下流域内各省区对流域可配置水量的差别化共享，设计太湖流域获取水量权的行为规则。其次，结合太湖流域初始排污权的配置结果，将水质影响耦合叠加到水量配置。即基于"奖优罚劣"原则的强互惠制度设计，对超标排污"劣省区"采取水量折减惩罚手段，对未超标排污的"优省区"施予水量奖励的强互惠措施安排，获得基于量质耦合的太湖流域初始水权配置方案。

一般情况下，流域的行政区划分属至少两个省区，各省区的用水利益与意义体系趋于多元化，因此，共享意义不是单一的构成，而是各省区关于水权的利益诉求和"奖优罚劣"意义体系的复合体。作为有限理性的流域内各省区 Agent，都是根据自身对信息的依赖追求用水利益的最大化，选择利己的用水策略，导致各省区 Agent 对水权的利益诉求和"奖优罚劣"意义体系产生不同的理解。设规划年 t 开展太湖流域初始水权量质耦合配置的省区为 i，其中，$i=1,2,\cdots,m$，$t=1,2,\cdots,T$，m，T 分别为配置省区、时间样本点的总数；"+"表示指标的上限值，"−"表示指标的下限值。

7.3.1 各省区对可配置水量的差别化共享规则的设计

设规划年 t 政府 Agent 设计的体现太湖流域初始水权量质耦合配置共识的初步制度安排为 $IA_t = g_t(Comsign)$，该制度安排应充分体察每一个省区 i 在规划年 t 对水量权的利益诉求（Int_{it}），按比例系数 λ_{it} 将可分配水资源量 $W_t^{P_0}$（扣除各省区生活饮用水、生态环境用水权总量的规划年 t 的可分配水资源量）配置给各个省区，表示为：

$$IA_t = g_t(Comsign) = \sum_{i=1}^{m} Int_{it} = \sum_{i=1}^{m} \lambda_{it} W_t^{P_0} \tag{7.1}$$

其中，$i=1,2,\cdots,m$，$t=1,2,\cdots,T$，m，T 分别为配置省区、时间样本点的总数；规划年 t 比例系数 λ_{it} 的确定是一项复杂的系统工程，需兼顾制度上的敏感性、技术上的复杂性以及省区的差异性。

事实上，基于用水效率多情景约束下的流域初始水量权配置模型，可计算获得，分情景以区间数形式表示的太湖流域内各省区的水量权配置比例区间量及其配置区间量，该配置结果可全面体现省区现状用水差异、资源禀赋差异和未来发展需求差异，反映用水效率控制约束的强弱，处理配置过程中存在的各种不确定信息，以区间数表示配置比例可更好的表达各省区对水量权的利益诉求和共享意义。WECS1、WECS2、WECS3 三种情景类别对应的太湖流域初始水量权配置方案为 P_1、P_2 和 P_3，三种配置方案 P_1、P_2 和 P_3 对应的规划年 t 省区 i 的配置比例区间量为 $\widetilde{\omega}_{its_r}^{\pm}$，具体见第 5 章用水效率多情景约束下太湖流域初始水量权差别化配置结果。结合以上分析，在用水效率控制约束情景 s_r 下，规划年 t 强互惠政府 Agent 设计的体现省区用水利益诉求的初步制度安排式（7.1）可变形为

$$IA_{ts_r} = g_{ts_r}(Comsign) = \sum_{i=1}^{m} [\widetilde{\omega}_{its_r}^{-} \cdot W_t^{P_0}, \widetilde{\omega}_{its_r}^{+} \cdot W_t^{P_0}] \tag{7.2}$$

其中，$\widetilde{\omega}_{its_r}^{\pm} = [\widetilde{\omega}_{its_r}^{-}, \widetilde{\omega}_{its_r}^{+}]$ 表示在用水效率控制约束情景 s_r 下，规划年 t 省区 i 的配置

比例区间量；$W_t^{P_0}$ 表示扣除各省区生活饮用水、生态环境用水权总量的规划年 t 的可分配水资源量，亿 m^3；$i=1,2,\cdots,m,t=1,2,\cdots,T,m,T$ 分别为配置省区和时间样本点的总数，$r=1,2,3$，s_1、s_2 和 s_3 分别表示用水效率控制约束情景 WECS1、WECS2 和 WECS3。

7.3.2 基于"奖优罚劣"原则的强互惠制度设计

7.3.2.1 针对超标排污"劣省区"设计水量折减惩罚手段

（1）水污染物的综合污染当量区间数的构造

由于太湖流域须严格控制的入河湖污染物并不是单一的，其入河湖主要污染物控制指标包括 COD、NH_3-N 和 TP 等，我们需考虑的超标排污的污染物控制指标也不是单一的，是多元的。事实上，在判别一个省区的污染物排放是否超标时，需要综合考虑多个污染物的排放对水环境的叠加影响。因此，本文借鉴水、大气、噪声等污染治理平均处理费用法，引入水污染的污染当量数的概念[246]，核算太湖流域入河湖主要污染物的综合污染当量数，度量其对流域水环境的综合影响。

水污染当量值是以水中 1 kg 最主要污染物 COD 为一个基准污染当量，再按照其他水污染物的有害程度、对生物体的毒性以及处理的相关费用等进行测算，并与 COD 进行比较。一般水污染物 d 的污染当量数的计算公式[246]为：

$$水污染物\ d\ 的污染当量数(WPU_d) = \frac{水污染物\ d\ 的排放量(WP_d)}{水污染物\ d\ 的污染当量值(WPV_d)} \tag{7.3}$$

其中，一般水污染物污染当量值的量化值如下，根据《污水综合排放标准》（GB 8978—2002），将一般水污染物分为第一类水污染物和第二类水污染物，第一、二类水污染物污染当量值见表 7.1 和表 7.2。

表 7.1 第一类水污染物污染当量值 （单位：kg）

污染物	污染当量值	污染物	污染当量值
1.总汞	0.000 52	6.总铅	0.025 7
2.总镉	0.005 3	7.总镍	0.025 8
3.总铬	0.044 0	8.苯并(a)芘	0.000 000 39
4.六价铬	0.025 0	9.总铍	0.011 0
5.总砷	0.026 0	10.总银	0.020 0

表 7.2　第二类水污染物污染当量值　　　　　　（单位：kg）

污染物	污染当量值
11. 悬浮物（SS）	4.000 0
12. 生化需氧量（BOD₅）	0.500 0
13. 化学需氧量（COD）	1.000 0
14. 总有机碳（TOC）	0.490 0
15. 石油类/26. 总铜	0.100 0
16. 动植物油	0.160 0
17. 挥发酚	0.080 0
19. 硫化物/22. 甲醛/60. 丙烯腈/61. 总硒	0.125 0
20. 氨氮（NH_3-N）	0.800 0
21. 氟化物	0.500 0
23. 苯胺类/24. 硝基苯类/25. 阴离子表面活性剂（LAS）/27. 总锌/28. 总锰/29. 彩色显影剂（CD-2）	0.200 0
30. 总磷（TP）/37. 五氯酚及五氯酚钠（以五氯酚计）/39. 可吸附有机卤化物（AOX）（以 Cl 计）	0.250 0
18. 总氰化物/31. 元素磷（以 P 计）/32. 有机磷农药（以 P 计）/33. 乐果/34. 甲基对硫磷/35. 马拉硫磷/36. 对硫磷	0.050 0
38. 三氯甲烷/40. 四氯化碳/41. 三氯乙烯/42. 四氯乙烯	0.040 0
43. 苯/44. 甲苯/45. 乙苯/46. 邻-二甲苯/47. 对-二甲苯/48. 间-二甲苯/49. 氯苯/50. 邻二氯苯/51. 对二氯苯/52. 对硝基氯苯/53. 2,4-二硝基氯苯/54. 苯酚/55. 间-甲酚/56. 2,4-二氯酚/57. 2,4,6-三氯酚/58. 邻苯二甲酸二丁酯/59. 邻苯二甲酸二辛酯	0.020 0

《污水综合排放标准》（GB 8978—2002）规定：第一类水污染物是指能在生活环境或动植物体内蓄积，进而对人体健康产生长远不良影响的污染物，第二类水污染物是指其对人体健康的长远影响小于第一类水污染物的污染物质。由于第一类水污染物对人体健康的影响较大，故规定含有此类有害污染物的废水，不分污水排放方式、受纳水体功能和行业类别，全部在处理设施排出口取样严核；同时，规定第二类水污染物在排污单位排出口取样，并进行总量控制。

基于纳污控制的太湖流域初始排污权 ITSP 配置模型，计算获得不同减排情形下，污染物入河湖限制排污总量（WP_d）。在各省区的初始排污权配置方案，即不同减排情形 h 下的太湖流域初始排污权配置方案 Q_h，$h=1,2,\cdots,H$。设对应于太湖流域初始排污权配置方案 Q_h，规划年 t 省区 i 关于污染物 d 的初始排污权配置

区间量为 $WP_{idthopt}^{\pm}$，其中，$i=1,2,\cdots,m, d=1,2,\cdots,D, t=1,2,\cdots,T, h=1,2,\cdots,H$，opt 表示该配置量为基于 ITSP 配置模型得到的优化配置结果；当 $h=1$ 时，表示规划年 2020 年来水量最少，排污需求最高，减排责任最大；当 $h=2$ 时，表示规划年 2020 年来水量较少，排污需求较高，减排责任较大；当 $h=H$ 时，表示规划年 2020 年来水量最多，排污需求最少，减排责任最小。

将太湖流域内各种污染物的排放量按污染当量值换算成污染当量数，再累加所有的污染当量数，得规划年 t 省区 i 排放的 D 种污染物的总污染当量数，即根据式(7.3)，在减排情形 h 下，基于 ITSP 配置模型的规划年 t 省区 i 所排放污染物的综合污染当量区间数为

$$WPU_{ithopt}^{\pm} = \sum_{d=1}^{D} WP_{idthopt}^{\pm}/WPV_d \quad (7.4)$$

其中，$WP_{idthopt}^{\pm}$ 为对应于太湖流域初始排污权配置方案 Q_h 的规划年 t 省区 i 关于污染物 d 的初始排污权配置区间量，t/a；WPV_d 为水污染物 d 的污染当量值；$i=1,2,\cdots,m, d=1,2,\cdots,D, t=1,2,\cdots,T, h=1,2,\cdots,H$，$m,D,T,H$ 分别为配置省区、水污染物类别、时间样本点和减排情形类别的总数；opt 表示该配置量为基于 ITSP 配置模型得到的太湖流域优化配置结果。

(2) 水量折减惩罚系数函数的构造

借鉴将流域内区域超标排污量反映到水量配置折减上的"超标排污惩罚系数函数"的构造思想[208]，利用张兴芳教授提出的心态指标在二元区间数上的推广成果[214,247]，描述强互惠政府对超标排污"劣省区"采用惩罚手段的心态，构建水量折减惩罚系数函数。设单调递减区间函数 $\psi(v^{\pm})$，定义域为 $v^{\pm} \in I(R) \times I(R)$，$I(R)$ 为全体二元区间数的集合，值域为 $\psi(v^{\pm}) \in [0,1] \times [0,1]$，若 $v^{\pm} \in (0,+\infty] \times (0,+\infty]$，则 $\psi(v^{\pm}) \in (0,1] \times (0,1]$；若 $v^{\pm} \notin (0,+\infty] \times (0,+\infty]$，则 $\psi(v^{\pm})=[0,0]=0$。在减排情形 h 下，规划年 t 省区 i 的水量折减综合惩罚系数函数可描述为：

$$\begin{cases} f_{\eta_{iht}^{\pm}}(\zeta) = E_{\eta_{iht}^{\pm}} + (2\zeta-1)W_{\eta_{iht}^{\pm}}; \\ \eta_{iht}^{\pm} = \sum_{k=1}^{K} \sigma_k \cdot \kappa_{ihtk}^{\pm}; \\ \kappa_{ihtk}^{\pm} = 1 - \psi(WPU_{ithopt}^{\pm}/WPU_{itk}^{\pm}); \\ i=1,2,\cdots,m; t=1,2,\cdots,T; h=1,2,\cdots,H; k=1,2,\cdots,K. \end{cases} \quad (7.5)$$

其中：① $\eta_{iht}^{\pm}$ 为减排情形 h 下规划年 t 省区 i 的水量综合折减区间数；$f_{\eta_{iht}^{\pm}}:[0,1] \to [\eta_{iht}^{-}, \eta_{iht}^{+}]$ 是定义域 $[0,1]$ 上的水量折减惩罚系数函数，$\zeta \in [0,1]$ 表示决策者的心态指标，$E_{\eta_{iht}^{\pm}} = \dfrac{\eta_{iht}^{-} + \eta_{iht}^{+}}{2}$ 为水量综合折减区间数 $\eta_{iht}^{\pm}$ 的期望值，$W_{\eta_{iht}^{\pm}} = \dfrac{\eta_{iht}^{+} - \eta_{iht}^{-}}{2}$ 为水量

综合折减区间数 $\eta_{iht}^{\pm}$ 的宽度;当决策者的心态指标 $\zeta=0$ 时,$f_{\eta_{iht}^{\pm}}(\zeta)=\eta_{iht}^{-}$,则称 ζ 为下限指标,表示强互惠政府在设计水量折减惩罚手段时持悲观心态,即强互惠政府会设计苛刻的手段措施对超标排污"劣省区"进行水量折减惩罚;当 $\zeta=1$ 时,$f_{\eta_{iht}^{\pm}}(\zeta)=\eta_{iht}^{+}$,则称 ζ 为上限指标,强互惠政府在设计水量折减惩罚手段时持乐观心态,即面向最严格水资源管理制度的约束,强互惠政府会设计严格的手段措施对超标排污"劣省区"进行水量折减惩罚;当 $\zeta=\dfrac{1}{2}$ 时,$f_{\eta_{iht}^{\pm}}(\zeta)=E_{\eta_{iht}^{\pm}}$,则称 ζ 为中限指标,强互惠政府在设计水量折减惩罚手段时持中庸心态,即强互惠政府会设计适中的手段措施对超标排污"劣省区"进行水量折减惩罚。

② $\kappa_{ihtk}^{\pm}$ 为对应于第 k 项比较基准的减排情形 h 下规划年 t 省区 i 的水量折减区间数;σ_k 为基于 AHP 法[14]确定的第 k 项比较基准的权重,采用该法的理由是 AHP 法是一种定性与定量相结合的实用的权重确定方法,尤其在处理涉及经济、社会等难以量化的影响因素权重确定方面,具有不可替代的优势。目前,从理论研究的角度看,可供选择的太湖流域初始排污权配置的比较基准主要分为两大类:非经济因子配置(人口配置模式、面积配置模式、改进现状配置模式)和经济因子配置(排污绩效配置模式),不妨设 $k=1,2,3,4$ 分别代表人口配置模式、面积配置模式、改进现状配置模式和排污绩效配置模式,四种配置模式的配置原理、模型及侧重点分析详见初始排污权配置模式的选择分析,本章在此节不再详述。

③ $\psi(v^{\pm})$ 为超标排污水量折减惩罚系数函数;$WPU_{ithopt}^{\pm}$ 为基于纳污控制的初始排污权 ITSP 配置模型计算所得,对应于太湖流域初始排污权配置方案 Q_h 的规划年 t 省区 i 的污染物的综合污染当量区间数;$WPU_{itk}^{\pm}$ 为基于第 k 项比较基准规划年 t 省区 i 所配置的污染物的综合污染当量区间数,结合式(7.4),可知 $WPU_{itk}^{\pm}=\sum_{d=1}^{D}WP_{idtk}^{\pm}/WPV_d$,其中,$WP_{idtk}^{\pm}$ 为基于第 k 项比较基准配置,得到的规划年 t 省区 i 关于污染物 d 的初始排污权量,WPV_d 为水污染物 d 的污染当量值。

④ $i=1,2,\cdots,m,t=1,2,\cdots,T,h=1,2,\cdots,H,k=1,2,\cdots,K,d=1,2,\cdots,D$,$m,T,H,K,D$ 分别为配置省区、时间样本点、减排情形类别、比较基准配置模式类别和水污染物类别的总数;排污权配置量的下标 opt 表示该配置量为基于纳污控制的初始排污权 ITSP 配置模型,得到的太湖流域优化配置结果。

(3) 水量折减惩罚手段的设计

强互惠政府对于水量折减惩罚手段的设计,分以下两种情形:

① 若减排情形 h 下规划年 t 省区 i 水量折减惩罚系数函数值 $f_{\eta_{iht}^{\pm}}(\zeta)\in[0,1)$,

该省区被称为超标排污的"劣省区",则强互惠政府将以乘于系数 $f_{\eta_{iht}}^{\pm}(\zeta)$ 的方式,对用水效率控制约束情景 s_r 下,规划年 t 省区 i 已获得的初始水量权差别化配置区间量 $\widetilde{\omega}_{its_r}^{\pm} \cdot W_t^{P_0}$ 进行折减,即 $(W_{its_r}^{\pm})_{\text{折减后}} = f_{\eta_{iht}}^{\pm}(\zeta) \cdot \widetilde{\omega}_{its_r}^{\pm} \cdot W_t^{P_0}, i=1,2,\cdots,m, h=1,2,\cdots,H, t=1,2,\cdots,T, r=1,2,3$。

② 若减排情形 h 下规划年 t 省区 i 水量折减惩罚系数函数值 $f_{\eta_{iht}}^{\pm}(\zeta)=1$,该省区被称为未超标排污的"优省区",则强互惠政府不需对该省区 i 已获得的初始水量权差别化配置区间量 $\widetilde{\omega}_{its_r}^{\pm} \cdot W_t^{P_0}$ 进行折减,应该对其以增加水量权配置量的方式进行奖励。基于"奖优罚劣"原则配置省区初始水权的共识(共享意义,Comsign)进行规范化的过程,可进一步表述为:

$$IA_{ths_r} = \sum_{i=1}^{m}((W_{its_r}^{\pm})_{\text{折减后}} + (W_{its_r}^{\pm})_{\text{折减量}})$$

$$= \sum_{i=1}^{m}(f_{\eta_{iht}}^{\pm}(\zeta) \cdot \widetilde{\omega}_{its_r}^{\pm} \cdot W_t^{P_0} + (1 - f_{\eta_{iht}}^{\pm}(\zeta)) \cdot \widetilde{\omega}_{its_r}^{\pm} \cdot W_t^{P_0}) \quad (7.6)$$

其中,$f_{\eta_{iht}}^{\pm}(\zeta) \in [0,1)$ 表示减排情形 h 下规划年 t 省区 i 水量折减惩罚系数函数值;$\widetilde{\omega}_{its_r}^{\pm}$ 表示在用水效率控制约束情景 s_r 下,规划年 t 省区 i 的配置比例区间量;$W_t^{P_0}$ 表示扣除各省区生活饮用水、生态环境用水权总量的规划年 t 的可分配水资源量,亿 m^3;$i=1,2,\cdots,m, t=1,2,\cdots,T, h=1,2,\cdots,H, d=1,2,\cdots,D, m, T, H, D$ 分别为配置省区、时间样本点、减排情形类别和水污染物类别的总数;s_1、s_2 和 s_3 分别表示用水效率控制约束情景 WECS1、WECS2 和 WECS3。

7.3.2.2 针对未超标排污的"优省区"设计水量奖励的强互惠措施

将流域内各个省区进行重新排序,不妨设未超标排污"优省区"的集合为 $L=\{L_1, L_2, \cdots, L_{l_1}\}$,超标排污"劣省区"的集合为 $\widetilde{L}=\{L_{l_1+1}, L_{l_1+2}, \cdots, L_m\}$。强互惠政府设计施予水量奖励安排的强互惠措施,即强互惠政府确定水量奖励比例系数 ϑ,按比例系数 ϑ 将规划年 t 处用水效率控制约束情景 s_r 和减排情形 h 下的流域总折减水量 $(IA_{ths_r})_{\text{总折减量}} = \sum_{i=l_1+1}^{m}(W_{its_r}^{\pm})_{\text{折减量}} = \sum_{i=l_1+1}^{m}(1 - f_{\eta_{iht}}^{\pm}(\zeta)) \cdot \widetilde{\omega}_{its_r}^{\pm} \cdot W_t^{P_0}$,以水量奖励的方式配置给各个"优省区"的过程,其中,$0 \leqslant \vartheta \leqslant 1$。该值的大小取决于强互惠政府鼓励水污染物减排和开展水环境保护的态度,ϑ 越接近于 1,表明强互惠政府的态度越积极;ϑ 越接近于 0,表明强互惠政府的态度越消极。分以下两种情形予以确定:

① 强互惠政府完全依靠其强互惠优势,确定将 $(IA_{ths_r})_{\text{总折减量}}$ 奖励分配给各个"优省区"的比例向量 $\vartheta=(\vartheta_1, \vartheta_2, \cdots, \vartheta_{l_1})$,$\sum_{i=1}^{l_1}\vartheta_i=1, 0 \leqslant \vartheta_i \leqslant 1$。由于基于政府强

互惠理论的太湖流域初始水权量质耦合配置的基本原则之一是政府主导、民主协商原则,故对此情形不做深入探讨。

② 强互惠政府在依靠其强互惠优势的同时,尊重各个省区的建议,即中央政府或流域管理机构,与各省区进行群体协商,共同参与协商制定水量奖励措施,以体现各省区的用水意愿和主张,实现民主参与。根据政府主导、民主协商的太湖流域初始水权量质耦合配置原则,确定将$(IA_{ths_r})_{总折减量}$奖励分配给各个"优省区"的比例向量,不妨也设为$\vartheta=(\vartheta_1,\vartheta_2,\cdots,\vartheta_{l_1})$,$\sum_{i=1}^{l_1}\vartheta_i=1,0\leqslant\vartheta_i\leqslant1$。在此情形下,式(7.6)可变形为:

$$IA_{ths_r}=\sum_{i=1}^{l_1}(\widetilde{\omega}_{us_r}^{\pm}\cdot W_t^{P_0}+\vartheta_i\cdot(IA_{ths_r})_{总折减量})+\sum_{i=l_1+1}^{m}f_{\eta_{iht}}^{\pm}(\zeta)\cdot\widetilde{\omega}_{us_r}^{\pm}\cdot W_t^{P_0}$$
(7.7)

其中,$\widetilde{\omega}_{us_r}^{\pm}$表示在用水效率控制约束情景$s_r$下,规划年$t$省区$i$的配置比例区间量;$W_t^{P_0}$表示扣除各省区生活饮用水、生态环境用水权总量的规划年t的可分配水资源量,亿m³;$(IA_{ths_r})_{总折减量}$表示规划年t处于用水效率控制约束情景s_r和减排情形h下的流域总折减水量,亿m³;ϑ_i表示将$(IA_{ths_r})_{总折减量}$奖励配置给各个"优省区"的比例系数,$\sum_{i=1}^{l_1}\vartheta_i=1,0\leqslant\vartheta_i\leqslant1$;$f_{\eta_{iht}}^{\pm}(\zeta)\in[0,1)$表示减排情形$h$下规划年$t$省区$i$水量折减惩罚系数函数值;$i=1,2,\cdots,l_1$表示配置省区$i$为"优省区",$i=l_1+1,l_1+2,\cdots,m$表示配置省区$i$为"劣省区";$t=1,2,\cdots,T,h=1,2,\cdots,H,d=1,2,\cdots,D,m,T,H,D$分别为配置省区、时间样本点、减排情形类别和水污染物类别的总数;s_1、s_2和s_3分别表示用水效率控制约束情景WECS1、WECS2和WECS3。

7.3.3　太湖流域初始水权量质耦合配置方案的确定

综上可知,通过一个制度安排(IA)耦合太湖流域初始水量权与初始排污权的配置结果,即结合不同减排情形h下的太湖流域初始排污权配置方案Q_h,将用水效率控制约束情景s_r下的太湖流域初始水量权配置方案P_r,耦合为用水效率控制约束情景s_r和减排情形h下太湖流域初始水权量质耦合配置方案PQ_{rh},其中,$r=1,2,3,h=1,2,\cdots,H,s_1$、$s_2$和$s_3$分别表示用水效率控制约束情景WECS1、WECS2和WECS3。基于以上分析,结合量质耦合配置系统的构成要素之间的作用关系分析结论,确定基于GSR理论的初始水权量质耦合配置方案。在太湖流域初始水权量质耦合配置方案PQ_{rh}中,规划年t太湖流域内各省区初始水权量质耦合配置区间量的计算式如下：

$$W_{ths_r}^{\pm} = (W_{1ths_r}^{\pm}, W_{2ths_r}^{\pm}, \cdots, W_{l_1 ths_r}^{\pm}, W_{(l_1+1)ths_r}^{\pm}, \cdots, W_{mths_r}^{\pm})$$

$$\text{s. t.} \begin{cases} W_{iths_r}^{\pm} = \tilde{\omega}_{its_r}^{\pm} \cdot W_t^{P_0} + \vartheta_i \cdot (IA_{ths_r})_{总折减量} + W_{it}^L + W_{it}^E, i = 1, 2, \cdots, l_1; \\ W_{iths_r}^{\pm} = f_{\eta_{iht}}^{\pm}(\zeta) \cdot \tilde{\omega}_{its_r}^{\pm} \cdot W_t^{P_0} + W_{it}^L + W_{it}^E, i = l_1 + 1, l_1 + 2, \cdots m; \\ h = 1, 2, \cdots, H; t = 1, 2, \cdots, T; r = 1, 2, 3. \end{cases}$$

(7.8)

其中，$W_{iths_r}^{\pm} = \tilde{\omega}_{its_r}^{\pm} \cdot W_t^{P_0} + \vartheta_i \cdot (IA_{ths_r})_{总折减量} + W_{it}^L + W_{it}^E, i = 1, 2, \cdots, l_1$ 为规划年 t 处于用水效率控制约束情景 s_r 和减排情形 h 下未超标排污的"优省区" i 的初始水权量质耦合配置区间量，亿 m^3；$W_{iths_r}^{\pm} = f_{\eta_{iht}}^{\pm}(\zeta) \cdot \tilde{\omega}_{its_r}^{\pm} \cdot W_t^{P_0} + W_{it}^L + W_{it}^E, i = l_1 + 1, l_1 + 2, \cdots, m$ 为规划年 t 处于用水效率控制约束情景 s_r 和减排情形 h 下超标排污的"劣省区" i 的初始水权量质耦合配置区间量，亿 m^3；再加上其生活饮用水初始水量权和河道外生态初始水量权，W_{it}^L 为规划年 t 省区 i 的生活饮用水初始水量权，亿 m^3；W_{it}^E 为规划年 t 省区 i 的河道外生态初始水量权，亿 m^3；$h = 1, 2, \cdots, H, t = 1, 2, \cdots, T, r = 1, 2, 3, H, T$ 分别为减排情形类别和时间样本点的总数；s_1、s_2 和 s_3 分别表示用水效率控制约束情景 WECS1、WECS2 和 WECS3。

7.4 太湖流域初始水权量质耦合配置方案

(1) 太湖流域各省区对可配置水量的差别化共享规则的设计

结合用水效率控制约束情景 WECS1、WECS2 和 WECS3 下太湖流域江苏省、浙江省和上海市的初始水量权配置比例区间数，详见表 5.7，根据式(7.1)和式(7.2)，初步安排确定太湖流域两省一市的初始水量权共享规则。

(2) 基于"奖优罚劣"原则的强互惠制度设计

将按照人口配置模式、面积配置模式、改进现状配置模式和排污绩效配置模式，依次获得规划年 2020 年江苏省、浙江省和上海市关于污染物 COD、NH_3-N 和 TP 的初始排污权量配置区间量。具体结果如表 7.3 所示。

根据一般污染物计算式(7.3)，参照表 7.1 和表 7.2 中第一、二类水污染物污染当量值，即水污染物 COD、NH_3-N 和 TP 的污染当量值 1.000 0 kg、0.800 0 kg 和 0.250 0 kg，代入式(7.4)计算水污染物 COD、NH_3-N 和 TP 的污染当量数，分别累加得江苏省、浙江省和上海市的水污染物综合污染当量数，计算结果如表 7.4 所示。

表 7.3 不同配置模式下的各省区初始排污权配置方案 （单位：t/a）

项目	行政区划	COD 排污权量	NH$_3$-N 排污权量	TP 排污权量
人口配置模式	江苏省	[145 703.05, 162 896.44]	[13 667.26, 14 328.39]	[1 937.35, 2 152.61]
	浙江省	[105 210.38, 117 625.51]	[9 868.96, 10 346.36]	[1 398.93, 1 554.37]
	上海市	[142 659.61, 159 493.87]	[13 381.78, 14 029.10]	[1 896.88, 2 107.64]
面积配置模式	江苏省	[208 206.26, 232 775.21]	[19 530.20, 20 474.94]	[2 768.42, 3 076.02]
	浙江省	[129 792.17, 145 108.03]	[12 174.79, 12 763.72]	[1 725.79, 1 917.54]
	上海市	[55 574.62, 62 132.59]	[5 213.02, 5 465.19]	[738.95, 821.06]
改进现状配置模式	江苏省	[140 993.06, 157 630.65]	[14 405.54, 15 102.39]	[2 163.29, 2 403.65]
	浙江省	[142 204.79, 158 985.37]	[14 964.39, 15 688.27]	[1 926.10, 2 140.11]
	上海市	[110 375.20, 123 399.80]	[7 548.07, 7 913.19]	[1 143.77, 1 270.85]
排污绩效配置模式	江苏省	[150 626.44, 189 389.07]	[10 863.85, 14 643.13]	[1 723.04, 2 428.65]
	浙江省	[25 749.88, 36 044.24]	[1 743.31, 2 838.53]	[260.71, 449.46]
	上海市	[195 403.24, 239 443.14]	[20 656.42, 25 182.45]	[2 710.75, 3 556.22]

表 7.4 不同配置模式的各省区初始排污权量的综合污染当量数（单位：kg）

项目	江苏省	浙江省	上海市
人口配置模式	[167 094.05, 185 593.76]	[124 603.50, 138 398.90]	[168 955.64, 187 661.46]
面积配置模式	[243 692.70, 270 672.98]	[151 913.80, 168 732.84]	[65 046.69, 72 248.30]
改进现状配置模式	[167 653.14, 186 123.25]	[168 614.69, 187 156.16]	[124 385.36, 138 374.70]
排污绩效配置模式	[171 098.40, 217 407.56]	[28 971.86, 41 390.25]	[232 066.77, 285 146.08]

结合表 6.6 的配置结果,根据一般污染物计算式(7.3)和式(7.4),可计算不同减排情形下的江苏省、浙江省和上海市关于水污染物 COD、NH_3-N 和 TP 的初始排污权量的综合污染当量数,计算结果见表 7.5。

表 7.5 不同减排情形下的各省区初始排污权量的综合污染当量数 (单位:kg)

减排情形	江苏省	浙江省	上海市
减排情形 $h=1$ (减排责任大)	[183 706.43, 229 111.29]	[129 310.95, 130 791.23]	[149 579.82, 150 917.49]
减排情形 $h=2$ (减排责任中)	[183 517.35, 229 265.25	[128 814.43, 130 864.50]	[150 195.83, 151 062.14]
减排情形 $h=3$ (减排责任小)	[182 606.43, 229 212.50]	[128 666.28, 130 901.63]	[149 589.59, 151 312.51]

结合表 7.4 和表 7.5 中的数据,鉴于太湖流域严格控制污染物入河湖排放量的态度,结合专家意见,取决策者的心态指标 $\zeta=1$。基于 AHP 法确定表 7.4 中四种排污权配置模式的权重为 0.30,0.19,0.20 和 0.31,根据式(7.5),计算减排情形 $h=1$ 时,江苏省、浙江省和上海市的超排惩罚系数分别为 0.856 4,1 和 0.834 0。同理,可计算减排情形 $h=2$ 时,各省区的超排惩罚系数分别为 0.856 3,1 和 0.833 2;可计算减排情形 $h=3$ 时,各省区的超排惩罚系数为 0.856 0,1 和 0.832 0。

将水质影响集成到水量配置,将不同情形下的超排惩罚系数依次代入式(7.6),太湖流域管理局依此设计超排惩罚手段,对太湖流域江苏省和上海市的生产用水权进行折减。同时,太湖流域管理机构对未超标排污的浙江省开展水量奖励的强互惠措施安排,将江苏省和上海市的折减水量作为奖励,按比例系数 ϑ 分配给浙江省。结合太湖流域的水资源与水环境的发展变化状况,鉴于太湖流域管理机构贯彻落实最严格水资源管理制度,严格控制污染物入河湖量的决心与态度,取 $\vartheta=0.95$。

(3) 量质耦合配置结果的确定及分析

基于以上计算,确定不同约束情景和减排情形下的太湖流域各省区初始水权量质耦合配置方案,见表 7.6。

表 7.6 基于 GSR 理论的太湖流域各省区初始水权量质耦合配置方案 (单位:亿 m^3)

用水效率控制约束情景	行政区划	减排情形 $h=1$ (减排责任大)	减排情形 $h=2$ (减排责任中)	减排情形 $h=3$ (减排责任小)
WESC1 (弱约束)	江苏省	[132.67,137.03]	[132.71,137.07]	[132.72,137.08]
	浙江省	[70.00,74.19]	[69.88,74.06]	[69.81,73.99]
	上海市	[102.95,107.08]	[103.07,107.20]	[103.15,107.28]

续表

用水效率控制约束情景	行政区划	减排情形 $h=1$（减排责任大）	减排情形 $h=2$（减排责任中）	减排情形 $h=3$（减排责任小）
WESC2（中约束）	江苏省	[135.55,137.03]	[135.59,137.07]	[135.60,137.08]
	浙江省	[61.07,64.88]	[60.95,64.75]	[60.88,64.68]
	上海市	[102.99,107.08]	[103.10,107.20]	[103.18,107.28]
WESC3（强约束）	江苏省	[134.95,137.03]	[134.99,137.07]	[135.00,137.08]
	浙江省	[61.67,71.17]	[61.55,71.04]	[61.49,70.97]
	上海市	[98.38,107.08]	[98.49,107.20]	[98.56,107.28]

1) 对比太湖流域初始水权量质耦合配置结果与初始水量权的配置结果，即对比表7.6与表5.7的配置结果，可以看出，

① 将水质影响耦合到水量配置的影响是江苏省和上海市的初始水权配置区间量的折减。例如，用水效率控制约束情景WESC1下，在受到减排情形 $h=1,2,3$ 的影响时，江苏省的初始水权配置区间量由[158.93,164.02]亿 m^3 折减为[132.67, 137.03]亿 m^3 或[132.71,137.07]亿 m^3 或[132.72,137.08]亿 m^3；上海市的初始水权配置区间量由[131.51,136.47]亿 m^3 折减为[102.95,107.08]亿 m^3 或[103.07, 107.20]亿 m^3 或[103.15,107.28]亿 m^3。用水效率控制约束情景WESC2和WESC3下，在受到减排情形 $h=1,2,3$ 的影响时，也呈现相同的变化趋势。

② 将水质影响耦合到水量配置的影响是浙江省的初始水权配置区间量的增加。例如，用水效率控制约束情景WESC1下，在受到减排情形 $h=1,2,3$ 的影响时，浙江省的初始水权配置区间量由[41.75,44.68]亿 m^3 增加为[70.00,74.19]亿 m^3 或[69.88,74.06]亿 m^3 或[69.81,73.99]亿 m^3。用水效率控制约束情景WESC2和WESC3下，在受到减排情形 $h=1,2,3$ 的影响时，也呈现相同的变化趋势。

配置结果调整的合理性分析如下：① 基于"奖优罚劣"原则，应当适当折减江苏省和上海市的水量权，以奖励浙江省的减排行为。② 太湖流域各省区初始水权量质耦合配置结果，与水利部太湖流域管理局委托项目"太湖流域初始水权配置方法探索"提出的配置方案（江苏省136.4亿 m^3，浙江省58.4亿 m^3，上海市124.0亿 m^3）相比，江苏省的配置区间量相近，浙江省的相比较多，上海市的相比较少。同时，配置结果之间的差异也正是水质影响水量配置的一种表现。

2) 从表7.6的配置结果可以看出，在任一用水效率控制约束情景下的太湖流域各省区初始水权配置结果，在受到减排情形 $h=1,2,3$ 的影响时，呈现规律如下：

① 江苏省的初始水权配置区间量随着减排情形 $h=1,2,3$ 的改变而减少。不妨分析在用水效率控制约束情景 WESC1 下,江苏省初始水权配置结果在受到减排情形 $h=1,2,3$ 的影响时的变化规律,在受到减排情形 $h=1,2,3$ 的影响时,江苏省的初始水权配置区间量依次为 [132.67,137.03] 亿 m^3、[132.71,137.07] 亿 m^3 和 [132.72,137.08] 亿 m^3,呈递增趋势。

② 浙江省的初始水权配置区间量随着减排情形 $h=1,2,3$ 的改变而减少。例如在用水效率控制约束情景 WESC1 下,在受到减排情形 $h=1,2,3$ 的影响时,浙江省的初始水权配置区间量依次为 [70.00,74.19] 亿 m^3、[69.88,74.06] 亿 m^3 和 [69.81,73.99] 亿 m^3,呈递减趋势。

③ 上海市的初始水权配置区间量随着减排情形 $h=1,2,3$ 的改变而增加。例如在用水效率控制约束情景 WESC1 下,在受到减排情形 $h=1,2,3$ 的影响时,上海市的初始水权配置区间量依次为 [102.95,107.08] 亿 m^3、[103.07,107.20] 亿 m^3 和 [103.15,107.28] 亿 m^3,呈递增趋势。

配置结果受减排情形影响而产生的变化规律的合理性分析如下:在减排情形 $h=1$ 时,与其他减排情形 $h=2,3$ 相比,太湖流域在规划年 2020 年因水资源来水量较少和历年排污量较多,而对江苏省、浙江省和上海市产生较大的减排压力,同时,江苏省和上海市的超排惩罚系数也较大,浙江省的超排惩罚系数不变,导致江苏省和上海市的水量折减惩罚量较多,浙江省因此而得到的水量奖赏量也较多。因此,与其他减排情形 $h=2,3$ 相比,江苏省和上海市的初始水权配置区间量较少,浙江省的初始水权配置区间量较多。

7.5 小结

本章主要研究的是各省区初始水权的量质耦合配置问题,具体研究结论如下:

(1) 系统分析了基于 GSR 理论的量质耦合配置系统的构成要素及其相互关系。太湖流域初始水权配置系统的构成要素包括由中央政府或太湖流域管理局为主组成的政府 Agent,以及由太湖流域各省区内的用水户组成的省区 Agent。政府 Agent 依靠其强互惠制度设计引导省区 Agent 的用水行为,省区 Agent 依据其差异性影响政府 Agent 的强互惠制度设计。

(2) 构建了基于 GSR 理论的流域初始水权量质耦合配置模型。以 GSR 理论为基础,借鉴流域二维水权配置理念,结合区间数理论,根据太湖流域初始水权量质耦合配置原则,利用中央政府或太湖流域管理局在流域初始水权量质耦合配置系统中的特殊地位和作用,通过一个制度设计,包括省区获取水量权的行为规则设计,及基于"奖优罚劣"原则的强互惠制度设计,即对超标排污"劣省区"采取水量折减惩罚手段和对未超标排污的"优省区"施予水量奖励的强互惠措施安排,将水质影响耦合叠加到水量配置,获取用水效率控制约束情景 s_r 和减排情形 h 下的太湖流域初始水权量质耦合配置方案 PQ_{rh},其中,$r=1, 2, 3, h=1, 2, \cdots, H$。

(3) 获得不同约束情景和减排情形下的 9 种 2020 年太湖流域初始水权量质耦合配置方案,研究结果表明:①在相同用水效率约束情景下,在受到减排情形的影响时,江苏省和上海市的初始水权配置区间量随着减排责任的减少而增加,浙江省的配置区间量随着减排责任的减少而减少。②与仅考虑水量或用水效率约束的太湖流域初始水量权的配置结果相比,将水质影响耦合到水量配置是江苏省和上海市的初始水权配置区间量的折减,浙江省配置区间量的增加,以奖励浙江省的减排行为,同时,分情景分情形以区间数的形式给出太湖流域初始水权量质耦合配置结果,更适应最严格水资源管理制度的要求。

第三篇　总结与展望篇

通过书中以上章节的论述,太湖流域初始水权量质耦合配置方案兼顾公平性及效率性,同时适应"三条红线"基准要求。太湖流域量质耦合配置方案设计,可为太湖流域管理局的初始水权配置决策,提供更为准确的决策空间。

联合国在《2018年世界水资源开发报告》呼吁,应对水资源挑战重在顺应,各国必须更好地利用基于自然的解决方案。因此,流域初始水权配置方案的设计,应取灵感于自然,通过利用或模仿自然过程,实现水权配置与经济增长的适配,致力于水资源的适应性管理。

第 8 章 结论与展望

为解决日益复杂的水资源问题,我国实行最严格水资源管理制度。明晰流域内各省区初始水权是落实最严格水资源管理制度的重要途径,流域初始水权配置的理论与实践必须适应这一制度的要求。本书针对太湖流域水资源配置及污染物配置过程中面临的主要问题,以"三条红线"为控制基准,太湖流域初始水权量质耦合配置方案。考虑到太湖流域初始水权配置过程具有敏感性、复杂性和不确定性等特点,本书以"为什么配置——配置什么——如何配置"为研究思路,基于情景分析理论、区间数理论、流域初始二维水权分配理论、ITSP 理论、GSR 理论、PP 技术等理论或技术,分逐步寻优的三阶段设计太湖流域初始水权量质耦合配置方案。本章主要总结全书的研究成果、耦合方案实施的政策建议以及后续研究的方向。

8.1 主要结论

本书的主要研究内容和研究成果可以归纳如下:

(1) 深入剖析了省区初始水权量质耦合配置的理论基础

通过国内外初始水权配置相关研究进展的系统梳理及其评析,指出现有流域内各省区初始水权配置中存在的问题,提出本书的研究方向,并据此设计本书的研究框架。在提出相关概念及剖析其内涵的基础上,界定了太湖流域初始水权量质耦合配置的对象及主体、指导思想、配置原则和配置模式,并在此基础上梳理出三阶段太湖流域初始水权量质耦合配置模型构建的理论技术要点及其对本书的借鉴意义。

(2) 逐步寻优的三阶段太湖流域初始水权量质耦合方案设计方法

基于本书的基础分析和实践借鉴,结合太湖流域的水资源利用状况,面向最严格水资源管理制度的约束,考虑到省区初始水权配置具有敏感性、复杂性和不确定性等特点,以用水总量控制、用水效率控制和纳污量控制为基准,将流域内各省区初始水权量质耦合配置分为逐步寻优的三阶段:第一阶段,太湖流域初始水量权差别化配置方案设计。基于用水总量控制要求,构建了用水效率多情景约束下省区初始水量权差别化配置模型,确定 3 种用水效率控制约束情景下的初始水量权配置方案。第二阶段,太湖流域初始排污权配置。构建了基于纳污控制的省区初始排污权 ITSP 配置模型,分 3 类确定 3 种减排情形下的太湖流域初始排污权配置方案。第三阶段,太湖流域初始水权量质耦合配置。构建了基于 GSR 理论的量质耦合配置模型,确定不同约束情景和减排情形下的 9 种太湖流域初始水权量质耦合配置方案。

(3) 太湖流域初始水量权差别化配置方案设计

首先,设计了用水效率多情景约束下太湖流域初始水量权差别化配置指标体系,在此基础上设置及描述用水效率控制约束情景,结合区间数理论和 PP 技术,构建动态区间投影寻踪配置模型,实现太湖流域初始水量权差别化配置。其次,结合有效性判别条件,利用 GA 技术进行求解。最后,计算获得 WECS1、WECS2、WECS3 情景类别下 2020 年太湖流域各省区的初始水量权差别化配置比例及配置方案,为水量权配置决策提供更为准确的决策空间。

(4) 构建了基于纳污控制的省区初始排污权 ITSP 配置模型

在系统分析太湖流域初始排污权配置模型构建的配置要素及其关键技术的基础上,利用 ITSP 方法,构建基于纳污控制的省区初始排污权 ITSP 配置模型,完成规划年 2020 年太湖流域初始排污权配置方案设计。在三种减排情形下,2020 年太湖流域各省区的初始排污权配置结果表明:①江苏省、浙江省和上海市的 COD 初始排污权配置区间量没有明显变化,其 NH_3-N 和 TP 初始排污权配置区间量总体呈上升或递增趋势;②太湖流域各省区因初始排污权的配置产生的总体经济效益最优区间数分别为[335.35,399.75]亿元、[336.63,401.11]亿元和[339.08,402.74]亿元,最优区间数的下限值、上限值及期望值总体呈上升或递增趋势。分类确定不同减排情形下的配置方案,实现污染物入河湖限制排污总量(WP_d)在流域内各省区间的分类配置,为排污权配置决策提供更为准确的决策空间。

(5) 构建了基于 GSR 理论的省区初始水权量质耦合配置模型

借鉴初始二维水权分配理论的配置理念,以 GSR 理论为基础,结合区间数理论,根据"奖优罚劣"原则和政府主导及民主参与原则,利用中央政府或太湖流域管理机构在初始水权量质耦合配置中的特殊地位和作用,通过一个制度设计,包括省区获取水量权的行为规则设计,以及基于"奖优罚劣"原则的强互惠制度设计,即对超标排污"劣省区"采取水量折减惩罚手段和对未超标排污的"优省区"施予水量奖励的强互惠措施安排,将水质影响耦合叠加到水量配置,完成不同约束情景和减排情形下的 2020 年太湖流域 9 种省区初始水权量质耦合配置方案设计,分情景分情形以区间数的形式给出各省区初始水权量质耦合配置结果,更适应最严格水资源管理制度的要求。

8.2 政策建议

结合太湖流域的自然条件和区域经济特点[248],在最严格水资源管理制度框架下,以太湖流域为例,提出应用省区初始水权量质耦合配置方法的相关政策建议。

(1) 关于基础数据与资料收集的建议

省区初始水权量质耦合配置受到生态环境因素与自然规律的影响与制约,是一个自然体系与人类活动相结合的复杂体系,涉及经济、社会、资源环境等多个方面,需要水利、发改、水文、环保、法制、财政、公共资源交易管理委员会等多个部门的协助,基础数据收集与整理的工作量较大。为了促进省区初始水权配置工作的有效开展,流域管理机构应在明确其水权配置所需基础数据的基础上,加快建设监测信息共享平台,如加快太湖流域主要入湖河道口门监控站点的建设以及设备的更新,全方位提高水资源信息采集、传输、存储能力,以及水资源、水环境信息的统一监测和信息共享能力,提高信息采集能力和决策支持能力,进而提高省区初始水权量质耦合配置结果的准确度。

(2) 关于省区初始水权量质耦合配置方案执行的建议

本书以区间数的形式给出不同约束情景和减排情形下的多种配置方案,可为决策者更好应对规划中遇到的不确定问题,为其提供更为有效的决策空间。同时,由于影响太湖流域省区初始水权量质耦合配置方案的因素有很多,比如矫正系数、决策者心态指标系数和排污权配置比较基准的确定与选择,以及基础数据的共享程度,都会影响初始水权的配置结果。因此,应以本书提出的配置方案为太湖流域的决策参考方案,通过一定的送审程序向上级相关部门报批,最终确定太湖流域各省区初始水权配置方案。该配置方案是以"三条红线"为控制基准确定的,为保障配置方案有效落实,建议太湖流域管理机构采用以下制度或措施:一是严格控制流域和各省区用水总量,加强取水许可和计划用水管理,如严格执行水资源论证制度、实行重点河湖取水总量控制制度、实施计划用水管理等。二是严格控制入河湖排污总量,加强关键断面的水质监测,对排污量超过限制排污总量的省区,限制审批入河排污口。

(3) 关于充分发挥政府宏观调控作用的建议

流域内省区间初始水权配置是政府主导下的水资源配置模式,是政策性较强的行为[249]。因此,在流域初始水权配置过程中应该充分发挥政府宏观调控作用。一是建议太湖流域管理机构能与各省区代表、水权配置专家小组协商,设计超标排污的水量惩罚政策和未超标排污的水量奖励措施,制定考核办法,建立奖惩制度,考核结果作为省区政府领导综合考核评估的重要依据,以保障省区初始水权量质耦合配置成果的应用。二是建议太湖流域管理机构协调好各个职能部门之间的关系,以促进省区初始水权配置方案的顺利实施。三是建议太湖流域管理机构制定相应的《太湖流域水量调度管理办法》,明确水量调度原则、权限等内容,使省区初始水权配置方案有章可循。四是制定特殊水情或紧急状态下的水权调整制度,有效保护流域生态环境,保障社会稳定和经济平衡发展。

8.3 研究展望

太湖流域初始水权配置研究尚处于探索阶段,鉴于国内外省区初始水权配置的相关研究成果,面向最严格水资源管理制度的硬性约束,本书是在耦合视角下对流域内各省区初始水权配置问题研究的一次初探,在学科交叉的背景下,由于自身知识积累的有限及现有资料的局限,本书的研究存在一些不足,有些方面需要进一步拓展和深化:

(1) 本书提出的基于纳污控制的省区初始排污权 ITSP 配置模型,在率定流域水污染物的减排责任概率分布值时,选取影响排污责任配置的影响因素仅是流域历年来水量水平和入河湖污染物排放量。事实上,流域水污染物的减排责任还会受到流域水污染物的历年入河湖系数、科技进步、环保法规及政策等因素的影响,较难确定。因此,如何科学合理率定流域水污染物的减排责任概率分布值尚待进一步研究。

(2) 本书提出的省区初始水权量质耦合配置结果是以年为单位的水权配置方案,由于水资源需求、来水量和排污量都存在时空的非均性,故在实施过程中,将年配置方案细化到以季度甚至月份的配置方案的研究值得进一步探讨和完善。另外,本书研究的仅是流域初始水权在各省区之间的配置,笔者将在以后的课题研究中进一步探索从流域初始水权从省区到用水行业的耦合配置方法。

(3) 应对水资源挑战重在顺应。在进一步的研究中,应加强用基于自然的解决方案,立足于可配置水量,充分考虑水质和缺水风险。同时,太湖流域各省区产业结构朝着服务化的方向发展,呈现产业结构高级化形态。因此,太湖流域水资源管理,应基于自然的解决方案,顺应水资源自然变化和产业结构初极化。

参考文献

[1] De Fraiture C, Giordano M, Liao Y. Biofuels and Implications for Agricultural Water Use: Blue Impacts of Green Energy[J]. Water Policy. 2008, 10: 67-81.

[2] Wang S, Huang G H. Interactive Two-stage Stochastic Fuzzy Programming for Water Resources Management[J]. Journal of Environmental Management. 2011, 92(8): 1986-1995.

[3] Eliasson J. The rising pressure of global water shortages[J]. Nature. 2015, 517(7532): 6.

[4] Burrows W, Doherty J. Gradient-based model calibration with proxy-model assistance [J]. Journal of Hydrology. 2016, 533: 114-127.

[5] 李国英. 2013年中国水利发展报告[M]. 北京: 中国水利水电出版社, 2013.

[6] 刘坤喆. "水管理"才是解决世界水危机的根本所在——专访世界自然保护联盟水资源项目主任吉尔·博格坎普[J]. 世界环境. 2006(05): 26-27.

[7] 王宗志, 胡四一, 王银堂. 流域初始水权分配及水量水质调控[M]. 北京: 科学出版社, 2011.

[8] 吴凤平, 贾鹏, 张丽娜. 基于格序理论的水资源配置方案综合评价[J]. 资源科学. 2013, 35(11): 2232-2238.

[9] 王浩. 实行最严格的水资源管理制度关键技术支撑探析[J]. 河南水利与南水北调. 2011(09): 8.

[10] Zhang L N, Wu F P, Jia P. Grey Evaluation Model Based on Reformative Triangular Whitenization Weight Function and Its Application in Water Rights Allocation System [J]. The Open Cybernetics & Systemics Journal. 2013, 7(1): 1-10.

[11] 李原园. 水资源合理配置在实施最严格水资源管理制度中的基础性作用[J]. 中国水利. 2010(20): 26-28.

[12] 张丽娜, 吴凤平, 贾鹏. 基于耦合视角的流域初始水权配置框架初析——最严格水资源

管理制度约束下[J].资源科学.2014(11):2240-2247.

[13] 姚傑宝,董增川,田凯.流域水权制度研究[M].郑州:黄河水利出版社,2008.

[14] 吴凤平,陈艳萍.流域初始水权和谐配置方法研究[M].北京:中国水利水电出版社,2010.

[15] 尹明万,于洪民,陈一鸣,等.流域初始水权分配关键技术研究与分配试点[M].北京:中国水利水电出版社,2012.

[16] 矫勇.凝心聚力 攻坚克难 狠抓落实 推动水利改革发展再上新台阶[J].中国水利.2016(02):10-12.

[17] 刘钢,王慧敏,仇蕾.湖域工业初始排污权合作配置体系构建——以太湖流域为例[J].长江流域资源与环境.2012(10):1223-1229.

[18] 黄彬彬,王先甲,胡振鹏,等.基于纳污红线的河流排污权优化分配模型[J].长江流域资源与环境.2011,20(12):1508-1513.

[19] 王浩,党连文,谢新民.流域初始水权分配理论与实践[M].北京:中国水利水电出版社,2008.

[20] Wong B D C, Eheart J W. Market Simulations for Irrigation Water Rights: A Hypothetical Case[J]. Water Resources Research. 1993(19):1127-1138.

[21] 曹可亮.论"水权"概念在美国的界定[J].理论月刊.2009(05):159-161.

[22] 魏衍亮.美国州法中的内径流水权及其优先权日问题[J].长江流域资源与环境.2001(04):302-308.

[23] Kimbrell G A. A Private Instream Rights: Western Water Oasis or Mirage-An Examination of the Legal and Practical Impediments to PRivate Instream RIghts in Alaska[J]. Public Land & Resources Law Review. 2004, 24: 75.

[24] Mcdevitt E, Love D, Smith B. 1984 Survey of Legislative Changes[J]. Idaho Law Review. 1985, 21: 165.

[25] 李晶,宋守度,姜斌,等.水权与水价:国外经验研究与中国改革方向探讨[M].北京:中国发展出版社,2003.

[26] 秦雪峰,夏明勇.从日本的水权看我国水权法规体系的健全[J].中国水利.2001(12):108-109.

[27] 张新月.透视我国首例水权交易事件[Z].2007.

[28] Cheung S N S. The Structure of a Contract and the Theory of a Non-Exclusive Resources[J]. Journal of Law and Economics. 1969, 12(4): 317-326.

[29] Mather, Russell J. Water Resources Development[M]. New York: John Wiley & Sons, 1984.

[30] Laitos J G. Water Rights, Clean Water Act Section 404 Permitting, and the Takings Clause[J]. University of Colorado Law Review. 1989, 60: 901.

[31] Schleyer R G, Rosegrant M W. Chilean Water Policy: The role of Water rights, Institutions and Markets[J]. Water Resources Development. 1996, 12(1): 32-45.

[32] Brooks R, Harris E. Efficiency gains from water markets: Empirical analysis of water move in Australia[J]. Agricultural Water Management. 2008, 95: 391-399.

[33] Jungre J N. Permit Me Another D rink: a Proposal for Safeguarding the Water Rights for Federal Lands in the Regulated Riparian East[J]. Harvard. Environmental Law Review. 2005, 29: 369.

[34] Hodgson S. Modern Water Rights: Theory and Practice[M]. Food and Agriculture Organization of the United Nations, 2006.

[35] 吴丹. 流域初始水权配置复合系统优化研究[D]. 南京: 河海大学, 2010.

[36] 何逢标. 塔里木河流域水权分配研究[D]. 南京: 河海大学, 2007.

[37] 傅春, 胡振鹏. 国内外水权研究的若干进展[J]. 中国水利. 2000(6): 40-42.

[38] 周玉玺, 胡继连, 周霞. 流域水资源产权的基本特性与我国水权制度建设研究[J]. 中国水利. 2003(11): 16-18.

[39] 刘斌. 关于水权的概念辨析[J]. 中国水利. 2003(1): 32-33.

[40] 关涛. 民法中的水权制度[J]. 烟台大学学报(哲学社会科学版). 2002(04): 389-396.

[41] 姜文来. 水权及其作用探讨[J]. 中国水利. 2000(12): 13-14.

[42] 冯尚友. 水资源持续利用与管理导论[M]. 北京: 科学出版社, 2000.

[43] Wu D, Wu F P, Chen Y P. Model of Industry-oriented Initial Water Right Allocation System[J]. Advances in Science and Technology of Water Resources. 2010, 30(5): 29-32.

[44] 汪恕诚. 水权管理与节水社会[J]. 2001(5): 6-8.

[45] 王浩, 党连文, 汪林, 等. 关于我国水权制度建设若干问题的思考[J]. 中国水利. 2006(1): 28-30.

[46] 张郁. 南水北调中水权交易市场的构建[J]. 水利发展研究. 2002, 2(3): 4-7.

[47] 马晓强. 水权与水权的界定——水资源利用的产权经济学分析[J]. 北京行政学院学报. 2002(01): 37-41.

[48] 林有祯. "初始水权"试探[J]. 浙江水利科技. 2002(05): 1-2.

[49] 张延坤, 王教河, 朱景亮. 松嫩平原洪水资源利用的初始水权分配研究[J]. 中国水利. 2004(17): 8-9.

[50] 刘思清. 探讨水权分配方法促进水权分配建设[J]. 2004(4): 62-64.

[51] 李海红, 赵建世. 初始水权分配原则及其量化方法[J]. 应用基础与工程科学学报. 2005(S1): 8-13.

[52] Wu D, Wu F P, Chen Y P. Principal and Subordinate Hierarch Multi-objective Programming Model of Basin Initial Water Right Allocation[J]. Water Science and Engi-

neering. 2009, 2(2): 105-116.

[53] 王宗志,张玲玲,王银堂,等. 基于初始二维水权的流域水资源调控框架初析[J]. 水科学进展. 2012(04): 590-598.

[54] 尹庆民,刘思思. 我国流域初始水权分配研究综述[J]. 河海大学学报(哲学社会科学版). 2013(04): 58-62.

[55] 张颖,王勇. 我国排污权初始分配的研究[J]. 生态经济. 2005(08): 50-52.

[56] 王清军. 我国排污权初始分配的问题与对策[J]. 法学评论. 2012(01): 67-74.

[57] Dales J H. Pollution, Property and Prices[M]. University of Toronto Press, 1968.

[58] 于术桐,黄贤金,程绪水,等. 流域排污权初始分配模式选择[J]. 资源科学. 2009, 31(7): 1175-1180.

[59] 沈满洪,钱水苗等. 排污权交易机制研究[M]. 北京: 中国环境科学出版社, 2009.

[60] 王清军. 排污权初始分配的法律调控[M]. 北京: 中国社会科学出版社, 2011.

[61] 蒋亚娟. 关于设立排污权的立法探讨[J]. 生态经济. 2001(12): 67-69.

[62] Levite H, Sally H. Linkages Between Productivity and Equitable Allocation of Water[J]. Physics and Chemistry of the Earth. 2002, 27: 825-830.

[63] Nkomo S, van der Zaag P. Equitable Water Allocation in a Heavily Commited International Catchment Area: the Case of the Komati Catchment[J]. Physics and Chemistry of the Earth. 2004, 29: 1309-1317.

[64] Van der Zaag P, Seyam I M, Savenije H H G. Towards Measurable Criteria for the Equitable Sharing of International Water Resources[J]. Water Policy. 2002, 4(1): 19-32.

[65] Thoms M C, Sheldon F. An Ecosystem Approach for Determining Environmental Water Allocations in Australian Dryland River Systems: the Role of Geomorphology[J]. Geomorphology. 2002, 47: 153-168.

[66] Kashaigili J J, Kadigi R M J, Bruce A. Lankford. Environmental Flows Allocation in River Basins: Exploring Allocation Challenges and Options in the Great Ruaha River catchment in Tanzania[J]. Physics and Chemistry of the Earth. 2005, 30: 689-697.

[67] Hu Z N, Wei C T, Yao L M, et al. A multi-objective optimization model with conditional value-at-risk constraints for water allocation equality [J]. Journal of Hydrology. 2016, 542: 330-342.

[68] Naserizade S, Nikoo M, Montaseri H. A risk-based multi-objective model for optimal placement of sensors in water distribution system[J]. Journal of Hydrology. 2018, 557: 147-159.

[69] Yamout G, Hatfield K, Romeijn H. Comparison of new conditional value-at-risk-based management models for optimal allocation of uncertain water supplies[J]. Water Resource Research. 2007, 43(7): 7430.

[70] 石玉波. 关于水权与水市场的几点认识[J]. 中国水利. 2001(02):31-32.

[71] 汪恕诚. 资源水利——人与自然和谐相处[M]. 北京:中国水利水电出版社,2003.

[72] 葛敏,吴凤平. 水权第二层次初始分配模型[J]. 河海大学学报:自然科学版. 2005,33(5):594-992.

[73] 郑剑锋,雷晓云,王建北,等. 基于水权理论的新疆玛纳斯河水资源分配研究[J]. 中国农村水利水电. 2006(10):24-27.

[74] 陈燕飞,王祥三. 汉江流域水权初始配置模型研究[J]. 长江流域资源与环境. 2007(03):298-302.

[75] 肖淳,邵东国,杨丰顺,等. 基于友好度函数的流域初始水权分配模型[J]. 农业工程学报. 2012,28(12):80-85.

[76] 王浩,游进军. 中国水资源如何实现优化配置[J]. 河北水利. 2016(03):20-29.

[77] 王浩,游进军. 中国水资源配置30年[J]. 水利学报. 2016(03):265-271.

[78] Kvemdokk S. Tradable CO_2 Emission Permits:Initial Distribution as a Justice Problem[J]. Environmental Values. 1995,4:129-148.

[79] Fischer C. Combining Rate-Based and Cap-and-trade Emissions Policies[J]. Climate Policy. 2003(3):89-103.

[80] Bruvoll A, Larsen B M. Greenhouse gas emissions in Norway:do carbon taxes work?[J]. Energy Policy. 2004,32(4):493-505.

[81] Mostafavi S A, Afshar A. Waste load allocation using non-dominated archiving multi-colony ant algorithm[J]. Procedia Computer Science. 2011,3:64-69.

[82] 李寿德,黄桐城. 初始排污权分配的一个多目标决策模型[J]. 中国管理科学. 2003,11(6):40-44.

[83] 宋玉柱,高岩,宋玉成. 关联污染物的初始排污权的免费分配模型[J]. 上海第二工业大学学报. 2006(03):194-199.

[84] 陈龙,李寿德. 流域初始排污权分配的AHP法及其应用研究[J]. 上海管理科学. 2011(5):109-112.

[85] 于术桐,黄贤金,程绪水,等. 流域排污权初始分配模型构建及应用研究——以淮河流域为例[J]. 资源开发与市场. 2010(5):400-404.

[86] 黄玲花,刘宁杰,农卓恩,等. 以单位土地面积探索排污权初始指标分配模式[J]. 桂林理工大学学报. 2016,36(2):361-367.

[87] 张丽娜,沈俊源,于倩雯. 基于纳污控制的流域初始排污权配置模式研究[J]. 水资源与水工程学报. 2018,29(2):13-18.

[88] 胡鞍钢,王亚华. 转型期水资源配置的公共政策:准市场和政治民主协商[J]. 中国软科学. 2000(05):5-11.

[89] 汪恕诚. 水权和水市场——谈实现水资源优化配置的经济手段[J]. 中国水利. 2000

(11):6-9.

[90] 葛颜祥,胡继连,解秀兰. 水权的分配模式与黄河水权的分配研究[J]. 山东社会科学. 2002(4):35-39.

[91] 胡继连,葛颜祥. 黄河水资源的分配模式与协调机制——兼论黄河水权市场的建设与管理[J]. 管理世界. 2004(8):43-52.

[92] 王亚华. 水权解释[M]. 上海:上海人民出版社,2005.

[93] 李长杰,王先甲,郑旭荣. 流域初始水权分配方法与模型[J]. 武汉大学学报(工学版). 2006(01):48-52.

[94] 雷玉桃. 产权理论与流域水权配置模式研究[J]. 南方经济. 2006(10):32-38.

[95] 韩霜景. 水权知识与水价管理[M]. 济南:山东科学技术出版社,2008.

[96] 王慧敏,唐润. 基于综合集成研讨厅的流域初始水权分配群决策研究[J]. 中国人口. 资源与环境. 2009(04):42-45.

[97] 吴丹. 流域初始水权配置方法研究进展[J]. 水利水电科技进展. 2012,32(2):89-94.

[98] 雷玉桃. 流域水资源管理制度研究[D]. 武汉:华中农业大学,2004.

[99] 泰坦伯格. 初始排污权交易——污染控制政策的改革[M]. 北京:三联书店出版社,1992.

[100] 李寿德,黄桐城. 基于经济最优性与公平性的初始排污权免费分配模型[J]. 系统工程理论方法应用. 2004,13(3):282-285.

[101] 沈满洪,钱水苗,冯元群,等. 排污权交易机制研究[M]. 北京:中国环境科学出版社,2009.

[102] 郝亚楠. 排污权初始分配研究综述[J]. 经营与管理. 2014(02):76-77.

[103] Fischer C, Fox A. Output-Based Allocations of Emissions Permits: Efficiency and Distributional Effects in a General Equilibrium Setting with Taxes and Trade[M]. Washington, DC: Resources for the Future, 2004.

[104] 吴亚琼,赵勇,吴相林,等. 初始排污权分配的协商仲裁机制[J]. 系统工程. 2003(05):70-74.

[105] 李寿德,黄桐城. 交易成本条件下初始排污权免费分配的决策机制[J]. 系统工程理论方法应用. 2006(04):318-322.

[106] 孔亮. 太湖流域水污染权配置机制研究[D]. 杭州:浙江大学,2009.

[107] 邹伟进,朱冬元,龚佳勇. 排污权初始分配的一种改进模式[J]. 经济理论与经济管理. 2009(07):39-44.

[108] 金帅,盛昭瀚,杜建国. 转型背景下排污权初始分配机制优化设计[J]. 中国人口. 资源与环境. 2013(12):48-56.

[109] 王洁方. 总量控制下流域初始排污权分配的竞争性混合决策方法[J]. 中国人口·资源与环境. 2014,24(05):88-92.

[110]　王艳艳. 基于纳污控制的流域排污权分配及交易研究[D]. 郑州大学，2016.

[111]　Mckinney D C, Cai X. Linking GIS and Water Resources Management Models: An Object-oriented Method[J]. Environment Modeling & Software. 2002, 22(2): 91-93.

[112]　Cai X, Mckinney D C, Lasdon L S. Lasdon. Integrated Hydrologic-Agronomic-Economic Model for River Basin Management[J]. Journal of Water Resource Planning and Management. 2003, 129(1): 4-17.

[113]　Cai X, Ringler C, Rosegrant M. Modeling Water Resources Management at the Basin Level-Methodology and Application to the Maipo River Basin[R]. Washington: D. C.: International Food Policy Research Institute, 2006.

[114]　Xevi E, Khan S. A Multi-objective Optimisation Approach to Water Management[J]. Journal of Environmental Management[J]. 2005, 77(4): 269-277.

[115]　Yang W, Sun D Z. A Genetic Algorithm-based Fuzzy Multi-objective Programming Approach for Environmental Water Allocation[J]. Water Science and Technology: Water Supply. 2006, 6(5): 43-50.

[116]　Wang L, Fang L, Hipel K W. Resources Allocation: A Cooperative Game Theoretic Approach[J]. Journal of Environmental Informatics. 2003, 2(2).

[117]　Bazargan-Lari M R, Kerachian R, Mansoori A. A Conflict Resolution Model for the Conjunctive Use of Surface and Groundwater Resources that Considers Water Quality Issues: A Case Study[J]. Journal of Environmental Management. 2009, 43(3): 470-482.

[118]　Kerachian R, Fallahnia M, Bazargan-Lari M R, et al. A Fuzzy Game Theoretic Approach for Groundwater Resources Management: Application of Rubinstein Bargaining Theory [J]. Resources, Conservation and Recycling. 2010, 54(10): 673-682.

[119]　Campenhout B V, D'Exelle B, Lecoutere E. Equity-Efficiency Optimizing Resource Allocation: The Role of Time Preferences in a Repeated Irrigation Game[J]. Oxford Bulletin of Economics and Statistics. 2015, 77(2): 234-253.

[120]　Wang L, Fang L, Hipel K W. Cooperative Water Resource Allocation Based on Equitable Water Rights[C]. IEEE International Conference on, 2003.

[121]　Wang L, Fang L, Hipel K W. Mathematical Programming Approaches for Modeling Water Rights Allocation[J]. Journal of Water Resources Planning and Management. 2007, 133(1): 50-59.

[122]　Wang L, Fang L, Hipel K W. Basin-wide Cooperative Water Resources Allocation[J]. European Journal of Operational Research. 2008, 190(3): 798-817.

[123]　Condon L E, Maxwell R M. Implementation of a linear optimization water allocation algorithm into a fully integrated physical hydrology model[J]. Advances in Water Resources. 2013, 60: 135-147.

[124] Zhang W, Wang Y, Peng H, et al. A Coupled Water Quantity-Quality Model for Water Allocation Analysis[J]. Water Resources Management. 2010, 24(3): 485-511.

[125] Ralph W A. Modeling River-Reservoir System Management, Water Allocation, and Supply Reliability[J]. Journal of Hydrology. 2005, 300: 100-113.

[126] Read L, Madani K, Inanloo B. Optimality Versus Stability in Water Resource Allocation [J]. Journal of Environmental Management. 2014, 133(15): 343-354.

[127] Coase R H. The Problem of Social Cost[J]. Journal of Law and Economics. 1960, 3 (1): 1-44.

[128] Rose A, Stevens B. The Efficiency and Equity of Marketable Permits for CO_2 Emission [J]. Resource and Energy Economics. 1993, 15(1): 117-126.

[129] Lyon R M. Auetion and Alternative Proeedures for Alloeating Pollution Rights[J]. Land Economics. 1982, 58(1): 16-32.

[130] Hahn R W. Market Power and Transferable Property Rights[J]. Quarterly Journal of Economics. 1984, 99(10): 753-765.

[131] Barde J P. Environmental policy and policy instruments[J]. Principles of Environmental and Resource Economics: a Guide for Students and Decision Makers. 1995: 201.

[132] Heller T. The Path to EU Climate Change Policy. In: Golub J. Global Competition and EU Environmental Policy[M]. London: Rutledge, 1998: 108-141.

[133] Van Egteron H, Weber M. Marketable permits, market power, and cheating[J]. Journal of Environmental Economics and Management. 1996, 30(2): 161-173.

[134] Westskog H. Market power in a system of tradable CO2 quotas[J]. Energy Journal. 1996, 17: 85-103.

[135] Malik A S. Further results on permit markets with market power and cheating[J]. Journal of Environmental Economics and Management. 2002, 44: 371-390.

[136] Sun T, Zhang H, Wang Y. The application of information entropy in basin level water waste permits allocation in China[J]. Resources, Conservation and Recycling. 2013, 70: 50-54.

[137] Wang S F, Yang S L. Carbon permits allocation based on two-stage optimization for equity and efficiency: a case study within China[J]. Advanced Materials Research. 2012, 518: 1117-1122.

[138] Maqsood I, Huang G H. A Two-Stage Interval-Stochastic Programming Model for Waste Management under Uncertainty[J]. Journal of environmental management. 2003, 53(5): 540-552.

[139] Ordás Criado C, Grether J M. Convergence in per capita CO_2 emissions: A robust distributional approach[J]. Resource and Energy Economics. 2011, 33(3): 637-665.

[140] Park J, Kim C U, Isard W. Permit allocation in emissions trading using the Boltzmann distribution[J]. Physica A: Statistical Mechanics and its Applications. 2012, 391(20): 4883-4890.

[141] 贺北方,周丽,马细霞,等. 基于遗传算法的区域水资源优化配置模型[J]. 水电能源科学. 2002, 20(3): 10-12.

[142] 刘红玲,韩美. 基于遗传算法的济南市水资源优化配置[J]. 水资源研究. 2007(02): 24-25.

[143] 刘妍,郑丕谔. 初始水权分配中的主从对策研究[J]. 软科学. 2008(02): 91-93.

[144] 黄显峰,邵东国,顾文权,等. 基于多目标混沌优化算法的水资源配置研究[J]. 水利学报. 2008, 39(2): 183-188.

[145] 孙月峰,张胜红,王晓玲,等. 基于混合遗传算法的区域大系统多目标水资源优化配置模型[J]. 系统工程理论与实践. 2009(01): 139-144.

[146] 侯景伟,孔云峰,孙九林. 基于多目标鱼群-蚁群算法的水资源优化配置[J]. 资源科学. 2011, 33(12): 2255-2261.

[147] 李维乾,解建仓,李建勋,等. 基于灰色理论及改进类电磁学算法的水资源配置[J]. 水利学报. 2012(12): 1447-1456.

[148] 汪恕诚. 水权和水市场——谈实现水资源优化配置的经济手段[J]. 中国水利. 2000(11): 6-9.

[149] 王道席,王煜,张会言,等. 黄河下游水资源空间配置模型研究[J]. 人民黄河. 2001, 23(12): 19-21.

[150] 贺骥,刘毅,张旺,等. 松辽流域初始水权分配协商机制研究[J]. 中国水利. 2005(9): 16-18.

[151] 吴丹,吴凤平,陈艳萍. 流域初始水权配置复合系统双层优化模型[J]. 系统工程理论与实践. 2012, 32(1): 196-202.

[152] 左其亭,夏军. 陆面水量~水质~生态耦合系统模型研究[J]. 水利学报. 2002(02): 61-65.

[153] 王志璋,谢新民,王教河等. 流域初始水权分配政府预留水量双侧耦合分析方法及应用[C]. 中国水利学会, 2005.

[154] 马光文. 供水分配的多目标交互式分析决策方法[J]. 中国给水排水. 1994(02): 41-43.

[155] 邵东国,沈佩君,郭元裕. 一种交互式模糊多目标协商分水决策方法[J]. 水电能源科学. 1996(01): 22-26.

[156] 王劲峰,刘昌明,于静洁,等. 区际调水时空优化配置理论模型探讨[J]. 水利学报. 2001(04): 7-14.

[157] 唐润,王慧敏,牛文娟,等. 流域水资源管理综合集成研讨厅探讨[J]. 科技进步与对策.

2010(02):20-23.

[158] 李建勋,王浩渊,解建仓,等. 基于综合集成研讨厅的复杂水资源配置系统构建[J]. 水资源与水工程学报. 2012(01):22-25.

[159] 王光谦,魏加华. 流域水量调控模型与应用[M]. 北京:科学出版社,2006.

[160] 汪雅梅. 水资源短缺地区水市场调控模式研究与实证[D]. 西安:西安理工大学,2007.

[161] 王宗志,胡四一,王银堂,等. 基于总量控制的流域水资源智能调控方法——落实最严格水资源管理制度的关键技术:中国水利学会水资源专业委员会2009学术年会[Z]. 大连:2009,403-407.

[162] 刘文强,孙永广,顾树华,等. 水资源分配冲突的博弈分析[J]. 系统工程理论与实践. 2002(1):16-25.

[163] 龙爱华,徐中民,王浩,等. 水权交易对黑河干流种植业的经济影响及优化模拟[J]. 水利学报. 2006,37(11):1329-1335.

[164] 罗利民,谢能刚,仲跃,等. 区域水资源合理配置的多目标博弈决策研究[J]. 河海大学学报(自然科学版). 2007(01):72-76.

[165] 华坚,吴祠金,黄德春. 上下游型国际河流水资源分配冲突的博弈分析[J]. 水利经济. 2013,31(3):33-36.

[166] 王慧敏. 落实最严格水资源管理的适应性政策选择研究[J]. 河海大学学报(哲学社会科学版). 2016,18(3):38-43.

[167] 左其亭. 水资源适应性利用理论及其在治水实践中的应用前景[J]. 南水北调与水利科技. 2017(1):1-7.

[168] 吴丹,吴凤平. 基于双层优化模型的流域初始二维水权耦合配置[J]. 中国人口·资源与环境. 2012(10):26-34.

[169] 吴凤平,葛敏. 水权第一层次初始分配模型[J]. 河海大学学报:自然科学版. 2005,33(2):216-219.

[170] 王宗志,胡四一,王银堂. 基于水量与水质的流域初始二维水权分配模型[J]. 水利学报. 2010,41(5):524-530.

[171] 吴凤平,葛敏. 基于和谐性判断的交互式水权初始分配方法[J]. 河海大学学报(自然科学版). 2006(01):104-107.

[172] 陈艳萍,吴凤平,周晔. 流域初始水权分配中强弱势群体间的演化博弈分析[J]. 软科学. 2011(07):11-15.

[173] 张玲玲,王宗志,李晓惠,等. 总量控制约束下区域用水结构调控策略及动态模拟[J]. 长江流域资源与环境. 2015,24(1):90-96.

[174] 赵宇哲. 流域二维水权的分配模型研究[D]. 大连:大连理工大学,2012.

[175] 尚静石. 动态规划在河流初始排污权分配中的应用[J]. 东北水利水电. 2006,24(5):9-10.

[176] 高柱,李寿德. 基于水功能区划的流域初始排污权分配方式研究[J]. 上海管理科学. 2010(5): 36-38.

[177] 完善,李寿德,马琳杰. 流域初始排污权分配方式[J]. 系统管理学报. 2013(02): 278-281.

[178] 王勤耕,李宗恺,陈志鹏,等. 总量控制区域排污权的初始分配方法[J]. 中国环境科学. 2000, 20(1): 68-72.

[179] 黄显峰,邵东国,顾文权. 河流排污权多目标优化分配模型研究[J]. 水利学报. 2008(01): 73-78.

[180] 李如忠,钱家忠,汪家权. 水污染物允许排放总量分配方法研究[J]. 水利学报. 2003(05): 112-115.

[181] 程声通. 水污染规划原理与方法[M]. 北京:化学工业出版社,2010.

[182] 陈丽丽. 基于层次分析法-AHP-的流域排污权初始分配模型研究[D]. 南京:南京信息工程大学,2011.

[183] 仇蕾,陈曦. 淮河流域水污染物的初始排污权分配研究[J]. 生态经济. 2014(05): 169-172.

[184] 宣晓伟,张浩. 碳排放权配额分配的国际经验及启示[J]. 中国人口·资源与环境. 2013(12): 10-15.

[185] 程铁军,王济干,吴凤平,等. 基于三对均衡关系视角的区域碳排放初始权配置研究[J]. 科技管理研究. 2017, 37(5): 210-215.

[186] 赵文会,高岩,戴天晟. 初始排污权分配的优化模型[J]. 系统工程. 2007, 25(6): 57-61.

[187] 王洁方. 基于减排压力的初始排污权过渡性配置方法[J]. 系统工程. 2017, 35(9): 55-59.

[188] 王浩,王建华,秦大庸. 流域水资源合理配置的研究进展与发展方向[J]. 水科学进展. 2004(01): 123-128.

[189] 贾士靖,刘银仓,邢明军. 基于耦合模型的区域农业生态环境与经济协调发展研究[J]. 农业现代化研究. 2008(05): 573-575.

[190] 佟金萍,王慧敏,牛文娟. 流域水权初始分配系统模型[J]. 系统工程. 2007(03): 105-110.

[191] Wang Z J, Zheng H, Wang X F. A Harmonious Water Rights Allocation Model for Shiyang River Basin, Gansu Province, China[J]. International Journal of Water Resources Development. 2009, 25(2): 355-371.

[192] 周振民,肖焕焕. 洛阳市初始水权配置研究[J]. 中国农村水利水电. 2014(10): 53-55.

[193] 王大正,赵建世,蒋慕川,等. 多目标多层次流域需水预测系统开发与应用[J]. 水科学进展. 2002, 13(1): 49-54.

[194] 刘德地,王高旭,陈晓宏,等. 基于混沌和声搜索算法的水资源优化配置[J]. 系统工程理论与实践. 2011, 31(7): 1378-1386.

[195] 唐德善. 黄河流域多目标优化配水模型[J]. 河海大学学报. 1994(01): 46-52.

[196] 秦大庸,褚俊英,杨柄. 做好初始水权分配促进水资源优化配置[J]. 中国水利. 2005(13): 90-93.

[197] 范可旭,李可可. 长江流域初始水权分配的初步研究[J]. 人民长江. 2007, 38(11): 4-5.

[198] Abedalrazq F. Khalil M M M K. Multi-objective Analysis of Chaotic Dynamic Systems With Sparse Learning Machines[J]. Advances in Water Resources. 2006, 29(1): 72-88.

[199] Afzal J, Noble D H, Weatherhead E K. Optimization Model for Alternative Use of Different Quality Irrigation Waters[J]. Journal of Irrigation and Drainage Engineering. 1992, 118(2): 218-228.

[200] Stern A. Storage Capacity and Water Use in the 21 Water-resource Regions of the United States Geological Survey[J]. International Journal of Production Economics. 2003, 81: 1-12.

[201] 裴源生,李云玲,于福亮. 黄河置换水量的水权分配方法探讨[J]. 资源科学. 2003(02): 32-37.

[202] 刘丙军,陈晓宏,江涛. 基于水量水质双控制的流域水资源分配模型[J]. 水科学进展. 2009, 24(9): 513-517.

[203] 张翔,冉啟香,夏军,等. 基于Copula函数的水量水质联合分布函数[J]. 水利学报. 2011, 42(4): 483-489.

[204] 吴泽宁. 基于生态经济的区域水质水量统一优化配置研究[D]. 南京:河海大学, 2004.

[205] Milly P C D, Julio B, Malin F, et al. Stationarity Is Dead: Whither Water Management? [J]. Science. 2008, 319(2): 1-7.

[206] 郑汉通,许长新,徐乘. 黄河流域初始水权分配及水权交易制度研究[M]. 南京:河海大学出版社, 2006.

[207] 李雪松. 中国水资源制度研究[M]. 武汉:武汉大学出版社, 2006.

[208] 王宗志. 基于水量与水质的流域二维水权初始分配理论及其应用[D]. 南京:南京水利科学研究院, 2008.

[209] 宋春花. 主要污染物初始排污权分配方法研究[D]. 吉林大学, 2014.

[210] 李魏武,陶涛,邹鹰. 太湖流域水资源可持续利用评价研究[J]. 环境科学与管理. 2012, 37(1): 85-89.

[211] 刘俏. 情景分析法在城市规划区域污染物排放总量中的预测研究[D]. 合肥:合肥工业大学, 2013.

[212] Nickel K. Interval mathematics: proceedings of the international symposium, Karlsruhe, West Germany[M]. Springer, 1975.

[213] 徐泽水. 不确定多属性决策方法及应用[M]. 北京：清华大学出版社，2004.

[214] 胡启洲，张卫华. 区间数理论的研究及其应用[M]. 北京：科学出版社，2010.

[215] Friedman J H, Turkey J W. A projection pursuit algorithm for exploratory data analysis [J]. IEEE Trans On Computer. 1974, 23(9)：881-890.

[216] 田铮，林伟. 投影寻踪方法与应用[M]. 西安：西北工业大学出版社，2008.

[217] Croux C，Filzmoser P，Roliveira M. Algorithms for Projection-Pursuit robust principal component analysis[J]. Chemometrics and Intelligent Laboratory Systems. 2007, 87(2)：218-225.

[218] 易尧华. 基于投影寻踪的多(高)光谱影像分析方法研究[D]. 武汉：武汉大学，2004.

[219] 付强，赵小勇. 投影寻踪模型原理及其应用[M]. 北京：科学出版社，2007.

[220] 金帅. 排污权交易系统分析及优化研究——复杂性科学视角[M]. 南京：南京大学出版社，2013.

[221] Birge J R, Louveaux F V. A Multicut Algorithm for Two-stage Stochastic Linear Programs[J]. European Journal of Operational Research. 1988, 34：384-392.

[222] Birge J R, Louveaux F V. Introduction to Stochastic Programming[M]. New York：SpringerVerlag, 1997.

[223] Huang G H, Loucks D P. An inexact two-stage stochastic programming model for water resources management under uncertainty[J]. Civil Engineering. 2000, 17：95-118.

[224] Xie Y L, Huang G H, Li W, et al. An inexact two-stage stochastic programming model for water resources management in Nansihu Lake Basin, China[J]. Journal of Environmental Management. 2013, 127：188-205.

[225] Gintis H, Bowles S, Boyd R, et al. Explaining altruistic behavior in humans[J]. Evolution and Human Behavior. 2003, 24(3)：153-172.

[226] Gintis H. Strong reciprocity and human sociality[J]. Journal of Theoretical Biology. 2000, 206：169-179.

[227] 王覃刚. 制度演化:政府型强互惠模型[D]. 武汉：华中师范大学，2007.

[228] 王慧敏，于荣，牛文娟. 基于强互惠理论的漳河流域跨界水资源冲突水量协调方案设计[J]. 系统工程理论与实践. 2014(08)：2170-2178.

[229] Bennett L L. The Integration of Water Quality into Tran Boundary Allocation Agreement Lessons from the Southwestern United States[J]. Agricultural Economics. 2000, 24(1)：113-125.

[230] 钱正英. 中国水资源战略研究中几个问题的认识[J]. 河海大学学报(自然科学版). 2001, 29(3)：1-7.

[231] 刘琼,欧名豪,盛业旭,等. 建设用地总量的区域差别化配置研究——以江苏省为例[J]. 中国人口.资源与环境. 2013(12)：119-124.

[232] 尹云松,孟令杰. 基于AHP的流域初始水权分配方法及其应用实例[J]. 自然资源学报. 2006, 21(4)：645-652.

[233] 刘鹏,张园林,晏湘涛,等. 基于专家动态权重的群组AHP交互式决策方法[J]. 数学的实践与认识. 2007(13)：85-90.

[234] Kahn J, Wiener A J. The Year 2000：A Framework for Speculation on the Next 33 Years[M]. NewYork：MacMillan Press, 1967.

[235] Pearman A D. Scenario Construction for Transportation[J]. Transportation Planning and Technology. 1988, 7：73-85.

[236] 左其亭,王丽,高军省. 资源节约型社会评价:指标·方法·应用[M]. 北京：科学出版社, 2009.

[237] 朱党生. 中国城市饮用水安全保障方略[M]. 北京：科学出版社, 2008.

[238] 刘增良. 模糊技术与应用选编(3)[M]. 北京：北京航空航天大学出版社, 1998.

[239] Zhang C, Dong S H. A New Water Quality Assessment Model Based on Projection Pursuit Technique[J]. Journal of Environment Sciences Supplement. 2009, 87（2）：154-157.

[240] 徐雪红. 太湖流域水资源保护规划及研究[M]. 南京：河海大学出版社, 2011.

[241] 王广起,张德升,吕贵兴,等. 排污权交易应用研究[M]. 北京：中国社会科学出版社, 2012.

[242] Ahmed S, Tawarmalani M, Sahinidis N V. A finite branch-and-bound algorithm for two-stage stochastic integer programs[J]. Mathematical Programming Series A. 2004, 100：355-377.

[243] 王媛,牛志广,王伟. 基尼系数法在水污染物总量区域分配中的应用[J]. 中国人口·资源与环境. 2008, 18(3)：177-180.

[244] 李晶. 中国水权[M]. 北京：知识产权出版社, 2008.

[245] 尹明万,张延坤,王浩,等. 流域水资源使用权定量分配方法初探[J]. 水利水电科技进展. 2007(01)：1-5.

[246] 宗良纲. 环境管理学[M]. 北京：中国农业出版社, 2005.

[247] 张兴芳,管恩瑞,孟广武. 区间值模糊综合评判及其应用[J]. 系统工程理论与实践. 2001, 21(12)：81-84.

[248] 罗尖,秦忠,沈爱春,等. 太湖流域及东南诸河经济社会用水总量控制[M]. 北京:中国水利水电出版社,2014.

[249] 吴凤平等. 流域初始水权耦合配置方法研究[M]. 北京:中国水利水电出版社,2018.

专用名词缩写索引

序号	简写	全名称	英文	在全文中首次出现的章节号
1	ITSP	区间两阶段随机规划	Inexact Two-Stage Stochastic Programming	1.3
2	GSR	政府强互惠	Governmental strong reciprocator	1.3
3	COD	化学需氧量	Chemical Oxygen Demand	1.4.4
4	NH_3-N	氨氮	Ammonia Nitrogen	1.4.4
5	TP	总磷	Total Phosphorus	1.4.4
6	TN	总氮	Total Nitrogen	1.4.4
7	PP	投影寻踪	Projection Pursuit	1.5.3
8	GA	遗传算法	Genetic Algorithm	1.4.4
9	IPP	区间参数规划	Interval-parameter Programming	2.3.2
10	TSP	两阶段随机规划	Two-Stage Stochastic Programming	1.3.1
11	WP	水污染物	Water Pollutant	1.1
12	WEC	水环境容量	Water Environmental Capacity	1.4.1
13	AI	年来水量	Annual Inflow	2.3.2
14	WPEL	水污染物入河湖量	Water Pollutant Emissions into the Lakes	7.1.3
15	WECS1	用水效率弱控制约束情景	Water Efficiencyof Weak Control Constraints	5.2.2
16	WECS2	用水效率中控制约束情景	Water Efficiencyof Moderate Control Constraints	5.2.2
17	WECS3	用水效率强控制约束情景	Water Efficiencyof Intensity Control Constraints	5.2.2